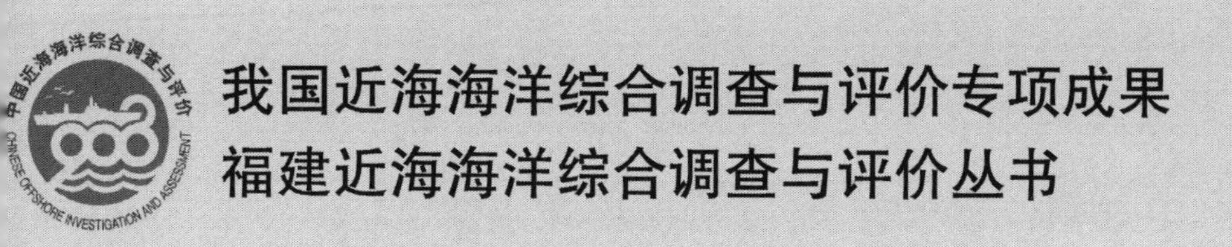

The Programming and Assessment of Mariculture Capacity and New Type Potential Multiplication Areas and Aquaculture Areas in Fujian Province

福建海水养殖容量与新型潜在增养殖区评价与选划

方民杰　曾庆民　刘金海　张澄茂　等◎著

科学出版社
北　京

内 容 简 介

为摸清福建海水养殖现状、评估发展潜力、调整海水增养殖区域布局和养殖品种结构，本书依据“908专项”资料和成果及其他相关资料数据，对福建主要港湾海水养殖现状与养殖容量、新型潜在海水增养殖区、潜在优良海水养殖品种开发与生态养殖模式进行评价、选划与研究，全面评估了福建海水养殖可持续发展潜力。

本书针对福建海水养殖业的特点，在基础数据和资料分析的基础上，紧扣项目研究目的，将评价、选划与研究等内容进行有机组合，并提出福建海水增养殖业可持续发展对策。本书可作为海洋、渔业、生态等专业相关科研人员、教师、学生、海洋与渔业行业管理人员从事相关科研、教学和管理工作的参考用书。

图书在版编目（CIP）数据

福建海水养殖容量与新型潜在增养殖区评价与选划/方民杰等著.
—北京：科学出版社，2014.3
（福建近海海洋综合调查与评价丛书）
ISBN 978-7-03-039952-6

I. ①福… II. ①方… III. ①海水养殖-农业发展规划-研究-福建省 IV. ①S967

中国版本图书馆CIP数据核字（2014）第040462号

丛书策划：胡升华 侯俊琳
责任编辑：牛 玲 王淑云/责任校对：张怡君
责任印制：徐晓晨 /封面设计：铭轩堂
编辑部电话：010-64035853
E-mail：houjunlin@mail.sciencep.com

科学出版社出版
北京东黄城根北街16号
邮政编码：100717
http://www.sciencep.com
北京凌奇印刷有限责任公司印刷
科学出版社发行 各地新华书店经销
*
2014年5月第 一 版 开本：787×1092 1/16
2021年3月第三次印刷 印张：14 1/4 插页：2
字数：240 000
定价：98.00元
（如有印装质量问题，我社负责调换）

福建省近海海洋综合调查与评价项目（908专项）组织机构

专项领导小组*

组　　长　张志南（常务副省长）

历任组长（按分管时间排序）

刘德章（常务副省长，2005～2007年）

张昌平（常务副省长，2007～2011年）

倪岳峰（副省长，2011～2012年）

副 组 长　吴南翔　王星云

历任副组长　刘修德　蒋谟祥　刘　明　[张国胜]　张福寿

成员单位　省发展和改革委员会、省经济贸易委员会、省教育厅、省科学技术厅、省公安厅、省财政厅、省国土资源厅、省交通厅、省水利厅、省环保厅、省海洋与渔业厅、省旅游局、省气象局、省政府发展研究中心、省军区、省边防总队

专项工作协调指导组

组　　长　吴南翔

历任组长　[张国胜]（2005～2006年）　刘修德（2006～2012年）

副 组 长　黄世峰

成　　员　李　涛　李钢生　叶剑平　钟　声　吴奋武

历任成员　陈苏丽　周　萍　张国煌　梁火明　卢振忠

---

* 福建省海洋开发管理领导小组为省908专项领导机构。如无特别说明，排名不分先后，余同。

专项领导小组办公室

主　　任 钟　声

历任主任 叶剑平（2005～2007 年）

常务副主任 柯淑云

历任常务副主任 李　涛（2005～2006 年）

成　　员 许　斌　高　欣　陈凤霖　宋全理　张俊安（2005～2010 年）

专项专家组

组　　长 洪华生

副 组 长 蔡　锋

成　　员（按姓氏笔划排序）

刘　建　刘容子　关瑞章　阮五崎　李培英　李　炎　杨圣云　杨顺良

陈　坚　余金田　杜　琦　林秀萱　林英厦　周秋麟　梁红星　曾从盛

简灿良　暨卫东　潘伟然

任务承担单位

省内单位　国家海洋局第三海洋研究所，福建海洋研究所，厦门大学，福建师范大学，集美大学，福建省水产研究所，福建省海洋预报台，福建省政府发展研究中心，福建省海洋环境监测中心，国家海洋局闽东海洋环境监测中心，厦门海洋环境监测中心，福建省档案馆，沿海设区市、县（市、区）海洋与渔业局、统计局

省外单位　国家海洋局第一海洋研究所、中国海洋大学、长江下游水文水资源勘测局

各专项课题主要负责人

“福建近海海洋综合调查与评价丛书”

编纂指导委员会

编纂指导委员会办公室

《福建海水养殖容量与新型潜在增养殖区评价与选划》

编委会

丛书序 PREFACE

2003年9月，为全面贯彻落实中共中央、国务院关于海洋发展的战略决策，摸清我国近海海洋家底及其变化趋势，科学评价其承载力，为制定海洋管理、保护、开发的政策提供基础依据，国家海洋局部署开展我国近海海洋综合调查与评价（简称“908专项”）。

福建省908专项是国家908专项的重要组成部分。在国家海洋局的精心指导下，福建省海洋与渔业厅认真组织实施，经过各级、各有关部门，特别是相关海洋科研单位历经8年的不懈努力，终于完成了任务，将福建省908专项打造成为精品工程、放心工程。福建是我国海洋大省，在13.6万千米^{2}的广阔海域上，2214座大小岛屿星罗棋布；拥有3752千米漫长的大陆海岸线，岸线曲折率1∶7，居全国首位；分布着125个大小海湾。丰富的海洋资源为福建海洋经济的发展奠定了坚实的物质基础。

但是，随着海洋经济的快速发展，福建近海资源和生态环境也发生了巨大的变化，给海洋带来严重的资源和环境压力。因此，实施908专项，对福建海岛、海岸带和近海环境开展翔实的调查和综合评价，对解决日益增长的用海需求和海洋空间资源有限性的矛盾，促进规划用海、集约用海、生态用海、科技用海、依法用海，规范科学管理海洋，推动海洋经济持续、健康发展，具有十分重要和深远的意义。

福建是908专项任务设置最多的省份，共设置60个子项目。其中，国家统一部署的有五大调查、两个评价、“数字海洋”省级节点建设和7个成果集成等15项任务。除此之外，福建根据本省管理需要，增加了13个重点海湾容量调查、海湾数模与环境研究、近海海洋生物苗种、港航、旅游等资源调查，有关资源、环境、灾害和海洋开发战略等综合评价项目，以及《福建海湾志》等成果集成，共45项增设任务。

在福建实施908专项过程中，包括省内外海洋科研院所、省直相关部门、沿海各级海洋行政主管部门和统计部门在内的近百个部门和单位，累计3000多人参与了专项工作，外业调查出动的船只达上千船次。经过8年的辛勤劳动，福建省908专项取得了丰硕成果，获取了海量可靠、实时、连续、大范围、高精度的海洋基础信息数据，基本摸清了福建近海和港湾的海洋环境资源家底，不仅全面完成了国家海洋局下达的任务，而且按时完成了具有福建地方特色的调查和评价项目，实现了预期目标。

本着“边调查、边评价、边出成果、边应用”的原则，福建及时将908专项调查评价成果应用到海峡西岸经济区建设的实践中，使其在海洋资源合理开发与保护、海洋综合管理、海洋防灾减灾、海洋科学研究、海洋政策法规制定等领域发挥了积极作用，充分体现了福建省908专项工作成果的生命力。

为了系统总结福建省908专项工作的宝贵经验，充分利用专项工作所取得的成果，福建省908专项办公室继2008年结集出版800多万字的“《福建省海湾数模与环境研究》项目系列专著”（共20分册），2012年安排出版《中国近海海洋图集——福建省海岛海岸带》、《福建省海洋资源与环境基本现状》、《福建海湾志》等重要著作之后，这次又编辑出版“福建近海海洋综合调查与评价丛书”。“福建近海海洋综合调查与评价丛书”共有8个分册，涵盖了专项工作各个方面，填补了福建“近海”研究成果的空白。

“福建近海海洋综合调查与评价丛书”所提供的翔实、可靠的资料，具有相当权威的参考价值，是沿海各级人民政府、有关管理部门研究福建海洋的重要工具书，也是社会大众了解、认知福建海洋的参考书。

福建省908专项工作得到相关部门、单位和有关人员的大力支持，在本系列专著出版之际，谨向他们表示衷心感谢！由于本专著涉及学科门类广，承担单位多，时间跨度长，综合集成、信息处理量大，不足和差错之处在所难免，敬请读者批评指正。

福建省908专项系列专著编辑指导委员会

2013年12月8日

前　言 PREFACE

福建地处太平洋西岸的亚热带地区，是我国东南沿海的主要海洋省份，海岸线绵长曲折，海域广阔，沿海有大小港湾125个，其中主要港湾有沙埕港、三沙湾、罗源湾、闽江口、福清湾及海坛海峡、兴化湾、湄洲湾、泉州湾、深沪湾、厦门港、旧镇湾、东山湾、诏安湾共13个。大陆海岸线北起福鼎沙埕，南至诏安宫口港，总长为3752千米。福建近海水产资源十分丰富，发展海洋渔业具有得天独厚的资源条件。海洋是福建国土的重要组成部分，也是发展海水增养殖业的重要场所。

改革开放以来，福建海水养殖业发展迅速，大量的浅海、滩涂被开发成为海水养殖区。2008年，福建海水养殖总面积为120 704公顷，总产量2 836 841吨，养殖种类有鱼类、甲壳类、贝类、藻类和其他类共五大类，约100余种。海水养殖产量占福建省水产品总产量的51.2%，对保障水产品的稳定供应及地方社会经济的持续发展具有重要意义。然而，福建在海水养殖业快速发展的同时，也出现了一定程度的发展无序、影响海域环境等问题，影响海水养殖业自身和其他涉海行业的可持续发展。近年来，随着沿海经济快速发展和人口增长，港湾和近岸海域受到陆源污染的影响越来越大，位于沿岸海域的海水养殖面临更加沉重的压力。同时，由于城市化进程的加快、经济发展方式的转变和海域功能定位的调整，海水养殖业与港口航运、临海工业、城镇建设、滨海旅游等其他涉海行业之间的矛盾逐渐显现。沿海港湾不少海水养殖区及水产资源重要繁育场所遭受围填破坏，沿岸局部海域水质富营养化日趋严重，赤潮频发，增养殖海域环境污染加剧，这些问题都影响到海水增养殖业的可持续健康发展。

因此，为摸清福建海水养殖现状，评估发展潜力，调整增养殖区域布局和品种结构，保护渔业资源，促进海水增养殖业可持续发展，福建省 908 专项将“福建海水养殖容量与新型潜在增养殖区评价与选划”（任务代码：FJ908-02-01-02，下文中简称为本项目）作为专项的组成部分，并提供相应经费支持。旨在通过对福建主要港湾海水养殖现状与养殖容量、新型潜在海水增养殖区、潜在优良海水养殖品种开发与生态养殖模式进行评价、选划与研究，全面评估福建海水养殖可持续发展潜力。

本项目及项目研究报告由福建省水产研究所与集美大学水产学院共同完成，林光纪和方民杰对研究报告进行了审核、修改和完善。2011 年 1 月 8 日，本项目通过福建省 908 专项办公室组织的专家验收，项目组根据专家意见对研究报告进行整改。2012 年 5～6 月，按照出版要求，对项目研究报告进行修改和补充，其中，福建省水产研究所方民杰编写第 1 章、第 2 章、第 4 章、第 8 章并负责全书的统稿工作，曾庆民编写第 5 章，张澄茂编写第 6 章，莫好容绘制“福建新型潜在养殖区选划图”和“福建海域新型潜在人工增殖区选划图”；集美大学水产学院刘金海编写第 3 章部分内容和第 7 章，刘佳英编写第 3 章部分内容，施益强绘制“福建主要港湾海水养殖现状图”。

本书依据福建省 908 专项资料和成果及其他相关资料数据，结合福建海水养殖的发展情况、存在问题、发展前景等，对福建主要港湾海水养殖现状进行评价；对养殖容量评价相关因子和养殖容量变化趋势进行分析，采用沿岸海域生态系统能流分析模式和无机氮（磷）供需平衡法，开展福建主要港湾海水养殖容量评价，评估发展潜力，提出调整建议，有利于海水养殖业的有序发展；评估和选划福建新型潜在海水增养殖区，为海水增养殖业可持续发展做好资源储备；开展潜在优良养殖品种开发与生态养殖模式研究，获得可供海水养殖的后备品种、生态养殖模式等基本信息，为海水增养殖业提出新的思路和发展方向。本书通过对福建海水养殖容量与新型潜在增养殖区评价与选划，提出福建海水增养殖业可持续发展对策。

本书在福建省 908 专项办公室的大力支持下顺利编写完成。在项目工作中，得到沿海各市县海洋与渔业局的热情帮助和配合；在本书编写过程中，得到福建省海洋与渔业厅、福建省水产研究所、集美大学水产学院领导和专家、福建省 908 专项验收专家的关心与支持。在此一并致谢。

由于编者水平有限，不足之处在所难免，欢迎读者批评指正。

方民杰

2013 年 6 月 20 日于厦门

目　录 CONTENTS

第一章

评价与选划的依据及方法

第一节　评价与选划目标

本书依据福建省 908 专项资料和成果及其他相关资料数据，结合福建海水养殖的发展情况、存在问题、发展前景等，对福建主要港湾海水养殖现状进行评价；对相关因子和养殖容量变化趋势进行分析，开展福建主要港湾海水养殖容量评价；评估和选划福建新型潜在海水增养殖区，为海水增养殖业可持续发展做好资源储备；开展潜在优良养殖品种开发与生态养殖模式研究，获得可供海水养殖的后备品种、生态养殖模式等基本信息。通过对福建海水养殖容量与新型潜在增养殖区评价与选划，提出福建海水增养殖业可持续发展对策。

第二节　选 划 依 据

一、法律依据

(1)《中华人民共和国渔业法》(2004 年，中华人民共和国主席令第 25 号)；

(2)《中华人民共和国海域使用管理法》(2001 年，中华人民共和国主席令第 61 号)；

(3)《中华人民共和国海洋环境保护法》(1999 年，中华人民共和国主席令第 26 号)；

(4)《中华人民共和国海上交通安全法》(1983 年，中华人民共和国主席令第 7 号)；

(5)《农产品质量安全法》(2006 年，中华人民共和国主席令第 49 号)。

二、技术规范

(1)《海洋功能区划技术导则》(GB 17108—2006);

(2)《全国海洋功能区划》(2002);

(3)《海洋调查规范》(GB/T12763—2007);

(4)《海水水质标准》(GB 3097—1997);

(5)《渔业水质标准》(GB 11607—89);

(6)《海洋沉积物质量》(GB 18668—2002);

(7)《福建省海洋功能区划》(2005);

(8)《潜在海水增养殖区评价与选划技术要求》(国家海洋局908办〔2009〕)。

第三节 选划原则

一、和谐共赢、可持续发展原则

新型潜在海水增养殖区选划充分考虑区域社会、经济与增养殖资源现状,进行实事求是的客观评价。在选划过程中应注意增养殖与环境的协调发展,特别关注增养殖的环境效应问题,促进人与自然资源和谐,实现经济、社会和生态效益的协调发展。

二、统筹兼顾、因地制宜原则

新型潜在海水增养殖区选划应根据各地所处的地理位置、环境特征、功能定位,制定增养殖目标,完善增养殖区划,确定增养殖结构和发展规模。选划应与国家有关政策和发展指引相符合，兼顾保护增养殖资源与沿海特色人文景观，确保选划的科学性和可操作性。

三、前瞻性与可行性原则

新型潜在海水增养殖区选划既要立足现实，又要着眼长远，既要尊重历史，又要顺应时代发展的要求，充分体现出本省海水增养殖发展的规律。选划要从各地的实际情况出发，尽可能确保选划目标实现的可行性。选划要充分预见增养殖新技术的发展，预见增养殖新品种、增养殖新模式、增养殖新设施设备等新型技术的开发和推广。

四、生态适宜、与海洋功能区划衔接原则

新型潜在海水增养殖区选划充分考虑增养殖生物对自然生态环境的影响，符合选划区生态要求和养殖环境承载力，实现海水增养殖与生态环境和谐友好发展。选划必须服从相关海域的功能布局，与海洋功能区划衔接兼容。

第四节　评价与选划方法

一、海水养殖现状与养殖容量评价方法

充分利用福建省 908 专项及其他相关资料，对福建 13 个主要港湾海水养殖面积和产量、养殖模式、养殖品种、苗种繁育情况、养殖病害现状、养殖区域布局等进行研究。依据相关数据和资料的分析结果，对福建主要港湾海水养殖业现状进行评价。

利用福建省908专项及其他相关项目研究成果，对福建主要港湾海水养殖容量的相关因素进行分析，采用沿岸海域生态系统能流分析模式和无机氮（磷）供需平衡法，分别评价滤食性贝类和大型藻类养殖容量。

二、新型潜在海水增养殖区评价与选划方法

按照《潜在海水增养殖区评价与选划技术要求》，潜在海水增养殖区指以下区域。

（1）目前还没有用于增养殖，但根据现有的自然条件和技术水平等因素适宜可持续增养殖的滩涂和浅海；

（2）目前没有用于增养殖，根据现有的自然条件和技术水平等要素也不适宜增养殖，但是在近期（5～10年）依靠科技进步等可以实现可持续增养殖的滩涂和浅海；

（3）目前已经用于增养殖，但是经济效益、社会效益和生态效益低，需要依靠科技进步对增养殖品种、增养殖模式、增养殖布局进行结构调整的区域。

依此，新型潜在海水增养殖区就是将来应用新型增养殖技术、新型设施设备等开发利用的潜在海水增养殖区。

根据福建省908专项——“福建海域使用现状调查”、“福建近海经济海洋生物苗种资源调查”，以及相关海域的生态水文调查资料和海洋功能区划，掌握海洋功能区划确定的增养殖区海域的增养殖现状、生态水文条件、相邻的其他功能区、社会经济发展趋势对海域的影响等相关资料，采用多因素综合评价方法，分析备选潜在增养殖区的渔业资源状况、增殖潜力、生态水文条件、社会经济发展水平等，根据鱼类、甲壳类、贝类和藻类等增养殖生物的生态习性，按照确定的选划原则，对新型潜在增养殖区进行选划。

三、福建潜在优良海水养殖品种开发与生态养殖模式研究方法

利用多因素综合评价法，建立潜在优良养殖品种的生物学特性、生态习

性、与海域自然条件的适应程度、优良养殖品种的经济价值、开发技术水平、产业化前景评价标准，对潜在优良养殖品种进行筛选。

根据国内外生态养殖模式的类别、研究水平及适用性，提出不同生态养殖模式效果评价的指标体系。对筛选出的潜在优良养殖品种开发与生态养殖模式进行研究，通过不同生态养殖模式效果比较，结合福建海区自然条件，确定适合福建的海水养殖模式及增养殖海域。

第五节　评价与选划范围

评价工作范围涉及福建近海区域，主要为 30 米等深线以内的浅海和滩涂。

评价要素尽可能地覆盖福建省 908 专项的调查项目，包括海水化学要素、沉积化学要素、水文要素、生物要素等。

第六节　评价与选划研究内容

研究内容包括福建主要港湾海水养殖现状评价、福建主要港湾海水养殖容量评价、福建新型潜在海水养殖区选划研究、福建海域新型潜在人工增殖区选划研究、福建潜在优良海水养殖品种开发与生态养殖模式研究共五个方面，并提出福建海水增养殖业可持续发展对策。

第二章

福建海域自然资源条件

第一节 福建海域概况

一、海岸带

本书的评价与选划范围涉及福建近海区域，海域范围为：北界从福建省与浙江省交界的福鼎市沙埕镇虎头鼻沿 27°10′N 往东至领海外部界限；南部边界从福建省与广东省交界的诏安县大埕湾 41 号界碑（23°37′10.7″N，117°11′21.8″E）、往南 6.5 千米至 23°33′40.3″N、117°11′21.5″E，沿东南 142°走向至 23°09′42.6″N、117°31′37.4″E 领海外部界限。

福建是我国东南沿海主要海洋省份，根据福建省 908 专项——“海域使用现状调查”报告，福建海域面积（领海基线内）36 759.26 千米^2，其中岸线以外至 0 米等深线滩涂面积为 2475.62 千米^2，0～5 米水深面为 2152.87 千米^2，5～10 米水深面为 1878.00 千米^2，10～30 米水深面为 11 921.48 千米^2，30 米以外至领海外界限水深面为 18 331.31 千米^2。大陆海岸线北起福鼎沙埕港，南至诏安宫口港。2008 年 2 月 28 日福建省人民政府公布的“大陆海岸线”总长为 3752 千米（表 2-1），居全国第二位，大陆海岸线曲折率达 1∶7.01。海洋是福建国土的重要组成部分，拥有“港、渔、景、涂、能”五大优势资源。

表 2-1 福建沿海各市海岸线长度

沿海市	大陆岸线/千米	海岛岸线/千米	备注
宁德市	1046	101	闽浙海岸分界处至蕉城-罗源海岸分界处
福州市	920	390	蕉城-罗源海岸分界处至荻芦溪河口
莆田市	336	107	荻芦溪河口至仙游-泉港海岸分界处
泉州市	541	117	仙游-泉港海岸分界处至南安-翔安海岸分界处
厦门市	194	32	南安-翔安海岸分界处至海沧-龙海海岸分界处
漳州市	715	60	海沧-龙海海岸分界处至闽粤海岸分界处
合计	3752	807	闽浙海岸分界处至闽粤海岸分界处

二、 海湾

福建沿海有大小港湾 125 个，其中主要港湾有沙埕港、三沙湾、罗源湾、闽江口、福清湾及海坛海峡、兴化湾、湄洲湾、泉州湾、深沪湾、厦门港、旧镇湾、东山湾、诏安湾共 13 个（表 2-2）。

表 2-2 福建主要港湾周边行政区域、海域面积

主要海湾	周边行政区域	海域面积/千米^2	其中		
			垦区面积/千米^2	滩涂面积/千米^2	浅海面积/千米^2
沙埕港	福鼎市	87.07	11.29	32.93	42.85
三沙湾	霞浦县、福安市、蕉城区、罗源县	726.75	40.83	299.44	386.48
罗源湾	罗源县、连江县	216.44	53.82	78.18	84.44
闽江口	连江县、马尾区、长乐市	400.97	7.79	140.11	253.07
福清湾及海坛海峡	福清市、平潭县	446.48	67.11	162.0	217.37
兴化湾	福清市、涵江区、荔城区、秀屿区	704.77	79.8	223.7	401.27
湄洲湾	城厢区、秀屿区、湄洲区、仙游县、泉港区、惠安县	552.24	94.52	169.9	287.82
泉州湾	惠安县、洛江区、丰泽区、晋江市、石狮市	211.24	45.7	84.84	80.7
深沪湾	石狮市、晋江市	28.52	0.56	8.85	19.11
厦门湾	晋江市、南安市、翔安区、同安区、集美区、海沧区、思明区、湖里区、龙海市、金门县	1281.21	110.03	290.9	880.28
旧镇湾	漳浦县	92.77	28.33	49.38	15.06
东山湾	漳浦县、云霄县、东山县	283.14	20.4	95.61	167.13
诏安湾	云霄县、东山县、诏安县	211.28	51.99	32.4	126.89

1. *沙埕港*

位于福鼎市境内，毗邻浙江，地理坐标为 120°10′44.01″～120°26′33.97″E、27°08′22.11″～27°09′04.33″N。沙埕港口门的东北侧和浙江省苍南县沿浦湾毗连，口部有南关岛作为屏障。沙埕港呈狭长弯曲状，纵深长达 35 千米，由西北向东南延伸，海岸线（以垦区内计算）长度达 171.30 千米，海域总面积 87.07 千米^2，湾内大部分水深均在 10 米以上，最大水深达 45 米。湾口朝向东，入东海，口门宽度 1.76 千米，湾界外线为福建头与虎头鼻的连线。沙埕港周边无大河流，仅有桐山溪、百步溪等小溪流。沙埕港水生生物资源有700多种，是福建缢蛏天然苗种的主要产区。

2. 三沙湾

位于福建东北部，地理坐标为119°31′26.19″～120°05′15.92″E、26°31′01.90″～26°57′52.14″N。地处霞浦、福安、蕉城、罗源四县（市、区）滨岸交界处，由东冲半岛和鉴江半岛合抱成口小腹大的半封闭型深水海湾。湾口朝东南，口门宽仅2.88千米，三沙湾由一澳（三都澳）、三港（鲈门港、白马港、盐田港）、三洋（东吾洋、官井洋、福鼎洋）等次一级海湾汇集而成。海湾总面积为726.75千米^2，滩涂面积为299.44千米^2，三都、东安、青山等岛屿是湾内主岛，湾的西北侧有赛江、霍童溪、七都溪等中、小河溪注入，是福建六大天然深水海湾之一。周边有多条河流注入，四周半岛、岬角众多，湾内岛礁棋布，滩涂宽阔，海洋生物资源丰富；湾内官井洋为大黄鱼产卵场，东吾洋为对虾产卵场。

3. 罗源湾

位于福建东北部沿海，地理坐标为119°33′25.20″～119°50′15.74″E、26°18′52.24″～26°30′12.86″N。罗源湾形似倒葫芦状，由鉴江半岛和黄岐半岛环抱而成，东起可门口，向西深入罗源县与连江县境内。罗源湾属窄口形海湾，仅在东北角有一窄口（可门口）与东海相通，口小腹大，湾口宽度仅1.9千米，朝NE向敞开，湾外界线为可门口与虎头角的连线。湾口可门水道是出海的唯一通道。罗源湾东西长20千米，南北宽16千米，海域总面积216.44千米^2。沿海岸线曲折，岬角众多，海岸线（以垦区内计算）长172.60千米，海湾内大小海岛32个。周边无大河流，仅有起步溪等小溪流。罗源湾为福建六大深水海湾之一。

4. 闽江口

西起闽江南北港汇合处及敖江入海口，北起黄岐半岛，与敖江口、定海湾相接，南至长乐漳港湾。海岸线（以垦区内计算）长118.1千米，有海岛28个。海域面积400.97千米^2，水深大多在10米等深线以内。闽江口海域地处咸淡水交汇处，主要入海河流闽江是全省最大河流，天然饵料丰富，鱼虾蟹和经济贝类种类繁多。

5. 福清湾及海坛海峡

位于福建中部沿海，由福清湾和长乐松下至福清龙高半岛的大陆岸线与海坛岛之间的海坛海峡组成，北部包括大练岛、小练岛、年姑屿、长屿岛等，南部包括大王马屿、草屿、凉亭屿等。海坛海峡是闽中海上交通要道，北西口接福清湾，北东口通台湾海峡，南口接兴化水道，南东口通台湾海峡。南北长约40千米，东西宽3.3～10千米。福清湾及海坛海峡海域海岸线（以垦区内计算）长120.9千米，总面积446.48千米^2，其中围垦面积67.11千米^2，滩涂面积162.0千米^2。海湾内海岛111个，岸线长104.7千米，海岛面积17.28千米^2。湾内海域是花蛤、牡蛎、缢蛏等贝类养殖的重要基地，也是蛏苗、花蛤苗、紫菜苗的主要产地。

6. 兴化湾

位于福建沿海中部，地理坐标为119°06′28.26″～119°30′56.82″E、25°15′49.56″～25°36′01.03″N。属于淤积型的构造基岩海湾，湾顶有木兰溪等河流注入。海湾深入内陆，岬湾相间，岸线曲折，岛礁棋布。海湾略成长方形，东西长28千米，南北宽23千米，主槽由西北朝向东南湾口，经兴化水道和南日水道与台湾海峡相通。海域面积704.77千米^2，湾口宽度16.09千米，海岸线（以垦区内计算）长221.70千米，有海岛71个。兴化湾渔业资源丰富，经济种类达200多种，是缢蛏、褶牡蛎等多种经济贝类的重要天然苗种场。

7. 湄洲湾

位于福建中部沿海，三面被大陆环抱，地理坐标为118°50′27.0″～119°09′18.92″E，24°57′27.24″～25°17′50.37″N。湾口朝向东南，通台湾海峡。湄洲湾为多口门的海湾，东部湄洲岛北有文甲口，南部湄洲岛至惠安小岞剑屿之间为深槽，湾口宽度23.14千米。海域面积552.24千米^2，有海岛66个。海岸线（以垦区内计算）长252.60千米，海岸线曲折，主要由基岩海岸组成，局部出现淤积质、砂质和红树林海岸。主航道、南侧和湾口水域较深，最深达52米，是福建沿海优良港湾之一。湄洲湾海域水质肥沃，天然饵料丰富，适宜多种生物生长、繁殖栖息，是多种渔业生物索饵、产卵和稚幼鱼生长的场所。

8. 泉州湾

位于福建沿海中部，湾口北起惠安县浮山岛南端，南至石狮市祥芝角，湾外界线宽度10.09千米，湾内有晋江和洛阳江注入。海域面积211.24千米^2，海岸线（以垦区内计算）长132.75千米。湾内滩涂广阔，是缢蛏天然苗种的重要产区。

9. 深沪湾

位于福建沿海中部，地理坐标为118°38′32.49″～118°41′52.50″E，24°36′52.60″～24°41′30.32″N。为石狮市和晋江市所环抱。湾口朝东，敞向台湾海峡，湾口宽阔，宽度4.5千米。海湾呈肾状，湾腹窄浅，纵深4.5千米，海域面积28.52千米^2，海域水深都在10米以内。湾内分布有西施舌、栉江珧等重要经济渔业生物。

10. 厦门湾

位于福建南部沿海，海域范围为晋江市围头角至龙海市镇海角连线以西、九龙江河口紫泥镇以东海域，包括厦门西海域、九龙江河口湾、厦门南部海域、厦门东部海域、同安湾、大嶝海域、安海湾、围头湾8个主要海域，地理坐标为117°48′55.18″～118°34′46.77″E、24°14′33.23″～24°42′23.70″N。湾外界线即围头角、料罗头与镇海角的连线，宽度56.62千米。湾内岛屿众多，达180个。海域总面积1281.21千米^2，海岸线（以垦区内计算）长512.30千米。大部分航道水深超过13米，最深水深达30米。厦门湾不仅有丰富多样的浮游植物、浮游动物、底栖生物和游泳生物，还有中华白海豚、文昌鱼等珍稀物种。

11. 旧镇湾

位于福建南部沿海的漳浦县东部，在古雷半岛和六敖半岛之间，属浮头湾内澳，地理坐标为117°40′47.32″～117°48′56.83″E、23°56′06.97″～24°03′04.14″N。湾口朝南，口小腹大，口门狭窄，宽度2.96千米，海域面积92.77千米^2，海岸线（以垦区内计算）长58.53千米。湾内浅滩广阔，除潮汐通道外，均为潮间浅滩所占据。湾顶有鹿溪等溪流注入，水质肥沃，渔业资源种类繁多；天然饵料丰富，是多种经济渔业生物的索饵、产卵和稚幼鱼生长的场所。

12. 东山湾

位于福建南部沿岸、台湾海峡南口西岸，地理坐标为117°22′21.05″～

117°36′55.60″E、23°43′14.11″～23°58′27.87N。东山湾为云霄县和漳浦县陆域、古雷半岛、东山岛所环绕，湾口向南，口小腹大，湾口宽度 5.31 千米。湾外界线为古雷半岛南端至东山岛东北端。湾口有诸多岛屿屏障，潮流畅通。湾内有海岛 44 个，东北部湾顶为漳江入海口。海域面积 283.14 千米^2，海岸线（以垦区内计算）长 166.90 千米。东山湾气候温和，水质肥沃，自然地理条件优越，是多种水产生物栖息、繁育的场所，是福建海水养殖的重要水域。

13. *诏安湾*

位于福建南部，地理坐标为 117°14′55.86″～117°25′36.07″E、23°34′25.61″～23°48′09.85″N。湾东面为东山岛，西面为宫口半岛。三面被低山丘陵环抱，口窄腹大，湾口向南，有城洲岛、西屿等岛屿屏障。湾口宽度 7.82 千米，海域面积 211.28 千米^2，海岸线（以垦区内计算）长 110.70 千米。湾内有海岛 5 个，海域水深小于 20 米。海域水产资源丰富，种类繁多，是多种经济渔业生物的索饵、产卵和稚幼鱼生长的场所。

三、 海岛

福建海域岛屿星罗棋布。大潮、高潮时，面积大于 500 米^2 的海岛 1321 个，岸线总长度 2458.40 千米，海岛总面积 1155.67 千米^2；小于 500 米^2 的海岛 894 个，岸线总长度 44.45 千米，海岛总面积 0.15 千米^2。有居民海岛 98 个，无居民海岛 2117 个。

四、 海水增养殖资源条件

福建沿海从北至南主要有赛江、闽江、晋江、九龙江等河流入海。河口港湾也是众多水产生物的重要繁育场和索饵场。福建近海有海洋生物约 3312 种，其中鱼类 752 种；全省浅海滩涂可利用养殖面积达 15 万公顷①，发展海洋水产

① 1 公顷＝10 000 米^2

业具有得天独厚的条件。

第二节 地质与地貌

一、 地质

（一）地层

福建沿海地区地层由老至新分述如下。

前泥盆纪澳角群：分布于福清后郑、莆田忠门、惠安小岞、晋江石刀山、小金门、龙海白坑、古雷古城、东山东营山等地。其岩性为一套中浅变质岩系，由变粒岩、片岩及长英质脉体等组成。

晚三叠世文宾山组：出露于厦门、诏安等地。岩性为灰白色石英砂岩、粉砂岩、炭质泥岩，偶夹火山凝灰岩。

晚侏罗世南园组：分布于三沙湾、罗源湾西侧，连江沿海、平潭君山、福清高山和东瀚、厦门禾山和海沧、云霄陈岱等地。岩性为灰色流纹岩、流纹质凝灰熔岩、凝灰岩、夹英安岩及少量碎屑岩。出露于福鼎、三沙湾、粗芦岛等地的灰紫色凝灰熔岩、凝灰岩夹凝灰质粉砂岩、砂砾岩。

早白垩世石帽山群：分布于福鼎沙埕、鉴江半岛、长乐江田、福清城头等地。其岩性上部为紫红色流纹质凝灰熔岩、凝灰岩，下部为紫红色凝灰质砂砾岩、英安岩。

古近纪佛昙群：分布于厦门、金门、漳浦赤岭、佛昙等地。其岩性为灰褐色玄武岩、砂砾岩夹褐煤、油页岩。

第四纪更新世：可分为上、中、下三套沉积。为河海二级以上阶地，在各大河口平原组成埋藏阶地。并有上粗下细的二元结构沉积。在半岛、台地，出现基座阶地，由海积、风积砂、泥质沉积而成。其粗颗粒有不同程度风化。

第四纪全新世：分布于海滩及一级阶地。其成因有冲积、海积、风积。岩性为松散的砂质土、淤泥质土及砂砾卵石等。

（二）岩浆活动

1. 燕山期

在燕山期运动中，福建沿海的岩浆活动相当剧烈而且频繁，既有大规模的岩浆侵入活动，又有大面积的火山喷发作用，形成多期侵入岩和火山岩。闽江口以北以火山岩为主，闽江口以南多为燕山期侵入岩。主要岩类有流纹岩、英安岩、凝灰熔岩、闪长岩、石英闪长岩、花岗岩、辉长岩等。

2. 喜山期

在喜山期运动中，该区地壳已进入相对稳定阶段，仅在漳浦沿海地带有小规模的拉斑玄武岩喷溢。玄武岩沿北东 40°～45°方向呈条带状展布，全长 60 千米、宽 15 千米。古近纪和新近纪侵入岩则发育小岩瘤、岩墙状侵入体，主要有福鼎山后尖灰黑色斑状辉长岩。

（三）构造

福建在大地构造上属于华南褶皱系的一部分，构造上处于欧亚大陆板块东南缘，为环太平洋中、新代巨型构造——岩浆带陆缘活动带的一部分，沿海地区属东南沿海断隆带。地质构造形迹以断裂构造最为显著，发育了 NE、NNE、NW、EW、SN 向等多组断裂，其中以 NE 向、NNE 向断裂为主干断裂；NW 向为重要次级断裂，其对岩浆活动、海岸地貌形成与发育有着控制作用。

福建沿海地区属东南沿海断裂带，主要断裂带有以下几条。

（1）平潭—东山断裂带：呈 NE 向平行海岸线展布，多没于海域中，突出的半岛、岛屿可见踪迹。该带以晚中生带（侏罗～白垩纪）酸（中）性火山岩、侵入岩为主广泛分布；晚三叠世—早侏罗世沉积地层、中新生代的基性岩零星分布；古生代变质岩也有断续分布。该断裂带控制了闽江口以南海岸线总体轮廓。

（2）滨海（海峡西）断裂带：位于岸线以东，大致沿海域40～50米等深线分布，总体走向NE，长约660千米。该断裂带是历史上强震（3个大于5级，其中一个7级，为全省最大和现今弱震震中分布带；在地层上，是东部巨厚新生代古近纪和新近纪沉积和西部中生代火山岩、侵入岩分界线，也是厦门、湄洲湾、平潭岛三条地震测线中发现错断第四系全新统地层的活动断裂。

（3）NW向断裂带：主要有霍童溪、闽江、晋江、九龙江等断裂，具有一定的活动性。NW向与NE向断裂交切，形成曲折海岸线，并控制了半岛、岛屿与海湾、河口平原相间排列的格局。

二、 地貌

福建海岸带地貌以基岩海岸线曲折、多港湾、半岛、岛屿为特点。主要港湾有沙埕港、三沙湾、罗源湾、闽江口、福清湾及海坛海峡、兴化湾、湄洲湾、泉州湾、深沪湾、厦门湾、旧镇湾、东山湾、诏安湾等13个。福建沿海岛屿主要分布在港湾内及近岸海域，具有北部、中北部多，南部少的分布特征。主要半岛有东冲、龙高、笏石、东周、崇武、围头、古雷、梅岭半岛等。

（一）海岸地貌

地质构造是福建海岸地貌发育的基础，大致以闽江NW向断裂为界，以北的连江——福鼎海岸（下简称闽东北海岸）属下降为主的海岸；以南的长乐——诏安海岸（下简称闽东南海岸）属上升为主的海岸。

（1）闽东北中、低山丘陵基岩海岸区：位于闽江口以北地区。由低山丘陵组成的半岛、岬角与沙埕港、晴川湾、牙城湾、福宁湾、三沙湾、罗源湾、定海湾及其湾内平原等相间排列。该区低山、丘陵直逼海岸，海岸以基岩岸为主，约占该区岸线总长的80%以上。现代海蚀崖、海蚀洞、海蚀沟等较为发育。岸线曲折，港湾众多，且多为天然深水良港。海积平原狭小，高程3～5米。

（2）闽东南丘陵、台地海岸区。该区位于闽江口以南岸段。多由丘陵基岩海岸和红土台地及河口平原相间排列。台地地势平缓，波状起伏，浅坳谷及冲沟发育，其间零散分布有花岗岩类组成的残丘，岩石上常有海蚀痕迹。台地约占该区面积的40%，多由较厚的风化残积土组成，高程一般为20～50米，坡度多为10°～20°。福建沿海三大平原均分布于本区。河口平原多为冲海积一级阶地，其下为更新统冲积埋藏阶地，台地半岛海岸附近，也常分布有二级海积、风积阶地，高程一般为10～20米。

该区砂质海岸颇为发育，福建滨海沙滩、海水浴场多聚集在该区内。此外该区还有海岸沙丘、沙堤、连岛沙坝、潟湖及第四纪火山地貌等。

（二）海底地形地貌

海底地形：总体上，福建海区海底地形由西北向东南倾斜，等深线呈NE—SW走向，与岸线近似平行，10米等深线逼近岸线。但各海域有所不同。闽江口以北海域，海底地形相对较为平坦，但20～30米等深线之间分布有许多NE—SW排列的岛礁。闽江口以南，海底地形较为复杂，海坛岛东侧海域至南日岛东侧海域之间，海底坡度较大，10米、20米、30米三条等深线的间距甚近；海坛岛以北至马祖列岛和南日岛以南至湄州湾口海域的海底较平坦。厦门以南海域20米等深线内多岛屿、暗礁、浅滩，20米等深线以外，较为平坦。

福建港湾内外水深变化较大，海底地形复杂，由于潮流冲刷，许多港湾形成深槽。港湾中央潮汐通道较深，三沙湾的官井洋和东冲口，冲刷槽水深40～60米，深槽最深点达100余米。

（1）海底地貌。主要有水下浅滩、水下三角洲、拦门沙坝、潮流脊系和潮流三角洲等。

（2）水下浅滩（亦称水下岸坡）。大致平行海岸，呈带状展布，分布于0～20米等深线间，宽度4～20千米不等，坡度一般为1‰，陡者可达4‰。闽东北水下浅滩坡度多在1‰，地形平坦，组成物质主要为粉砂质黏土。

（3）水下三角洲。主要分布于闽江口和九龙江口。闽江口水下三角洲略呈扇形向东南展布，长约35千米、宽28～60千米。九龙江口水下三角洲呈指状向东部湾口展开，长达8千米。

（4）拦门沙坝。主要见于泉州湾口大坠岛外，呈扇形向东南展布，横亘于口门水道之中。长约3千米、宽4千米，相对高度2～3米，分布水深1～4米，由砂质粉砂组成。

（5）潮流脊系。主要分布于兴化湾、福清湾、三沙湾、沙埕港等湾内外海底中。尤以兴化湾的潮流脊系最为典型，由潮流通道和辐射沙脊组成主体，长达60千米。

（6）潮流三角洲。主要分布于三沙湾和罗源湾口外海底，呈喇叭状向东南方向展布，长50千米、宽10～35千米。其上发育冲刷深槽，平均水深45～60米。

三、海底沉积物及分布规律

海底表层沉积物类型，主要有粉砂质黏土、黏土质粉砂、砂-粉砂-黏土、中细砂、中粗砂等。沉积物分布以闽江口为界具有南粗北细的特征；并以各大河口为中心，分别向海域方向由粗变细，河口南侧较北侧粒度相对较粗。

表层底质矿物成分较为复杂，粗粒以石英为主，泥质以黏土矿物水云母为主。重矿物为各类金属矿物。有机质含量在沿岸带较高，向外海逐渐降低，一般含量小于0.5%。

第三节 气象水文

一、地理气候

福建属亚热带湿润季风气候，西北有山脉阻挡寒风，东南又有海风调节，温暖湿润为气候的显著特色。年平均气温15～22℃，从西北向东南递升。1月5～13℃，7月25～30℃。极端最低气温－9.5℃；极端最高气温为43.2℃

(1967年7月17日，福安)。无霜期240～330天，木兰溪以南几乎全年无霜。年平均降水量800～1900毫米，是全国雨量最丰富的省份之一。降水量在沿海和岛屿偏少，西北山地较多。1963年9月13日马祖降水380毫米，为福建日降水量最高纪录。每年5～6月降水最多。夏秋之交多台风，常有暴雨。

二、 入海河流

福建境内河流密布，水利资源丰富。全省拥有29个水系，663条河流，内河长度达13 569千米，河网密度之大全国少见。水力理论蕴藏量1046万千瓦，可装机容量705万千瓦，居华东之首。

福建境内的主要河流有闽江、九龙江、晋江、汀江、交溪。其中，最大的河流是闽江，唯一流经外省入海的河流是汀江。

三、 海洋水文

(一) 潮汐

福建近海的潮振动主要是由太平洋潮波经台湾海峡两侧传入的协振潮，由月亮、太阳引潮力直接引起的独立潮很小，在海岛周围，海域地形对潮波特性有较大的影响。

福建沿海及其岛屿附近的潮汐，存在三种潮汐，即不规则半日潮混合潮、正规半日潮和非正规半日潮。不规则半日潮混合潮出现在东山岛，正规半日潮主要出现在大嵛山、海坛、南日和湄州岛，非正规半日潮主要出现在三沙湾、琅岐岛、江阴和紫泥岛。

(二) 潮流与余流

总体看，福建海域潮流运动方式从北到南分别为：闽东海域为太平洋潮波左旋进入台湾海峡的海区，由于潮波的旋转，在这里形成左旋转流区，大嵛山、西洋、三都等岛的潮流矢一般是随时间增加按反时针方向的旋转流。闽中及闽南海域潮流运动方式一般呈往复形式，特别是琅岐、江阴、紫泥、东山岛等，流动的往复特征更为显著。

福建海域余流较小，一般低于 0.2 米/秒，底层余流流速明显小于表层。余流的季节变化差异较大，主要是盛行季风的变化对余流流速、流向的影响。

（三）波浪

福建海域年平均波高为 0.8～1.5 米，北部海区的波高大于南部海区。年平均周期为 4.2～5.9 秒。实测最大波高，海坛 16 米（1976 年 8 月 10 日），其次是北霜 15 米（1971 年 9 月 23 日），南部海区波高和周期较低。例如，东山岛海区年平均波高仅 0.8 米，年平均周期为 4.2 秒。一般最大波高出现在夏末秋初，这是由于每年入侵福建沿海的台风所致。

第四节　海洋生物

福建海域位于亚热带区域，海洋生物资源具有明显的亚热带海域特点，南部海域还具有热带海洋的特点，海域生态环境的特点决定了海洋生物种类的组成数量和分布。

下文将主要根据《福建省海湾围填海规划生态影响评价》[1] 的数据、资料，结合其他有关资料，对福建 13 个主要港湾的海洋生物进行论述。

一、叶绿素 a 和初级生产力

通过对比 20 世纪 80 年代和 90 年代的历史调查以及 2005～2006 年的补充

---

① 陈尚 . 2008. 福建省海湾围填海规划生态影响评价 . 北京：科学出版社 .

调查数据可以发现，各湾叶绿素 a 含量平均在 2.43 毫克/米^3 左右。其中，福清湾、旧镇湾、东山湾和诏安湾的叶绿素 a 含量与其他湾相比较高，总体平均在 3.00 毫克/米^3 以上，三沙湾较低。总体来看，基本呈南高北低现象。在变化趋势上，各湾叶绿素 a 质量浓度变化趋势比较明显，比较春季的调查资料，沙埕港、闽江口、福清湾、湄洲湾、东山湾呈上升趋势，而三沙湾、罗源湾、深沪湾、旧镇湾呈先升高后降低趋势，兴化湾、厦门湾、诏安湾则呈先降低后升高趋势。

各湾初级生产力水平总体在 260 毫克碳/（米^2 · 天）左右。其中，福清湾、兴化湾、泉州湾、深沪湾、东山湾初级生产力比其他海湾高，三沙湾总体较低。从各湾初级生产力变化趋势看，除沙埕港外，其他各湾基本呈增加趋势，厦门西海域和九龙江等河口区的升幅较大。这种增长趋势与各海湾营养盐含量的增长趋势一致。

二、 浮游植物

历史调查数据显示，各湾浮游植物种类数量变化趋势为：沙埕港、三沙湾、罗源湾、闽江口、旧镇湾、东山湾、诏安湾种类数量明显增加，而福清湾及海坛海峡、湄洲湾、泉州湾、深沪湾呈减少趋势。

各湾的浮游植物丰度差别较大。对春季的调查资料进行比较发现，浮游植物的丰度，沙埕港、东山湾、泉州湾呈上升趋势；闽江口、深沪湾呈下降趋势；三沙湾、罗源湾、兴化湾、湄洲湾呈先降低后升高的趋势；旧镇湾、诏安湾呈先升高后降低的趋势。

三、 浮游动物

各湾浮游动物种类数量变化为：沙埕港、闽江口、兴化湾、湄洲湾、诏安湾呈上升趋势；罗源湾、福清湾、泉州湾、深沪湾、旧镇湾、东山湾呈下降趋势。

各湾浮游动物的生物量总体差别较大。对春季的调查资料进行比较发现，闽江口、福清湾、厦门湾呈上升趋势，沙埕港、三沙湾、兴化湾、湄洲湾、泉州湾、深沪湾、东山湾、诏安湾呈下降趋势。

对春季的调查资料进行比较发现，浮游动物的丰度，沙埕港呈上升趋势，罗源湾、兴化湾、旧镇湾、东山湾、诏安湾呈下降趋势。

四、 浅海底栖生物

历史调查资料表明，各湾浅海底栖生物种类数量都在100种以上。沙埕港、三沙湾、罗源湾、闽江口、湄洲湾、泉州湾、深沪湾、厦门湾、旧镇湾、东山湾浅海底栖生物种类呈明显减少趋势，兴化湾和诏安湾底栖生物种类数基本保持不变。

历史调查资料显示，各湾浅海底栖生物的生物量差别不大，除厦门湾部分海域2004年较高外，其余海湾各年度调查基本在100克/米^{2}以下。从年度变化趋势看，沙埕港、罗源湾、闽江口、兴化湾呈增加趋势，三沙湾呈先增加后减少趋势；湄洲湾、泉州湾、深沪湾、旧镇湾、东山湾、诏安湾呈明显减少趋势。

五、 潮间带生物

历史调查资料表明，各湾潮间带生物种类数量比较丰富，特别是闽江口、福清湾、兴化湾、湄洲湾、厦门湾、诏安湾都在100种以上。其年度变化趋势为：泉州湾、闽江口、福清湾、厦门湾潮间带生物丰度、生物量、种类数量都基本呈减少趋势。

各湾潮间带生物的生物量差别不大，除闽江口、深沪湾、诏安湾较高外，其余各湾基本都在100克/米^{2}以下。年间变化趋势为：沙埕港、三沙湾、闽江口、兴化湾、诏安湾呈增加趋势，福清湾、厦门湾呈明显减少趋势。

六、 珍稀濒危生物

福建主要港湾的珍稀濒危物种中水生动物有中华白海豚、厦门文昌鱼、中华鲟、中国鲎等。其中，中华白海豚主要分布在三沙湾、泉州湾、厦门湾，厦门文昌鱼主要分布在泉州湾、厦门湾、旧镇湾；中国鲎主要分布在福清湾和厦门湾。

鸟类有遗鸥、黑脸琵鹭、黑嘴鸥、小青脚鹬、黄嘴白鹭等。其中，黑脸琵鹭、黑嘴鸥、小青脚鹬、黄嘴白鹭等重点保护鸟类主要分布在罗源湾、闽江口、兴化湾、湄洲湾、泉州湾、深沪湾、厦门湾和诏安湾。

第五节 海域环境质量

下文主要根据《福建省海湾围填海规划环境化学与环境容量影响评价》[①]的数据、资料，结合其他有关资料，对福建 13 个主要港湾的环境质量进行论述。

一、 水环境质量

20 世纪 80 年代以来，福建各主要港湾无机氮、活性磷酸盐和石油类含量呈逐年递增趋势，尤其是近年来增长趋势明显，大部分港湾无机氮、活性磷酸盐和石油类含量超第二类、第三类海水水质标准。其他各评价因子含量略呈逐年递增的趋势，第一类和第二类海水水质标准的海域在逐渐减少。

海水环境质量评价因子中，主要超标因子为无机氮、活性磷酸盐、石油类

① 余兴光．2008. 福建省海湾围填海规划环境化学与环境容量影响评价．北京：科学出版社．

以及部分重金属。其中，沙埕港、三沙湾、闽江口、福清湾及海坛海峡、泉州湾、厦门湾、旧镇湾、东山湾的氮、磷超标情况较为严重，多数海区呈现超第四类标准。福清湾及海坛海峡、深沪湾、安海湾和旧镇湾重金属指标超第四类标准。其中，安海湾污染最严重。

福建主要港湾无机氮和活性磷酸盐含量，从 20 世纪 90 年代开始呈逐年上升趋势，近年来氮、磷污染状况加剧，大部分海湾氮、磷含量超第四类海水水质标准，仅湄洲湾、旧镇湾、诏安湾氮、磷含量基本可以达到第二类海水水质标准。无机氮和活性磷酸盐已经成为福建港湾最主要的污染因子，其含量超标也是诱发赤潮发生的最主要的因素。

二、 沉积环境质量

20 世纪 80 年代以来，福建各主要港湾沉积环境中有机碳、硫化物、石油类及大多数重金属含量指标呈现增高趋势，但均基本能满足第一类海洋沉积物质量标准。个别港湾的石油类、个别重金属指标出现超标现象。

从围垦工程建设前后沉积环境质量对比分析可知，围填海等多种因素对垦区周边海域沉积环境质量产生不同程度的影响，但总体影响不大。

三、 海洋生物质量

20 世纪 80 年代以来，福建各主要港湾海洋生物各评价因子，均不同程度出现超一类生物质量标准。其中，重金属的镉、铅和铜含量普遍上升，而大多数港湾中的汞、砷、六六六和 DDT 的污染程度则有所降低，仅个别港湾的六六六和 DDT 含量呈现递增现象。

从围垦工程建设前、后生物环境质量对比分析可知，围垦区海洋生物质量发生不同程度的变化。各主要港湾围垦区牡蛎等贝类体中重金属含量指标呈上升趋势，个别港湾生物体中 DDT 含量指标也呈增加趋势。

第六节　自然灾害

根据地质、地貌、气候等主要致灾因子，沿海地区主要海洋灾害分为海洋地质灾害（相对海平面上升、海域地震、海岸侵蚀、沉降引起的海水内侵、海湾淤积等）、海洋气候灾害（风暴潮、海冰、台风、海浪、海雾等）和海洋生态灾害（赤潮、海洋环境污染等）三大类型。以上三类海洋灾害在福建沿海地区均存在。

一、海洋地质灾害

1. 地震和活动断层形成的灾害

福建沿海地区在大地构造上位处欧亚板块和太平洋板块俯冲带附近，区域地壳稳定性差，新构造运动强烈，海平面呈现出较显著的相对上升趋势。历史上台湾海峡附近地震活动较强，最大震级 7.7 级。1900～1990 年，台湾海峡共发生 6 级以上地震活动 40 次左右，平均两年一次。三都澳和罗源湾多发育 NE 向活动断层。在福州地区，与海岸走向平行的 NE 向活动断层和与闽江河谷平行的 NW 向活动断裂在长乐境内相交，闽江河口段突然折向 EN；在厦金大海湾海岸带地貌格局，主要受断裂构造的控制，厦门港附近有 NE、NWW 向活动断裂交错，漳州市位于 NW 向和 NWW 向断裂交汇处，历史上发生过里氏 6.0 级以上地震。这些活断层主要表现为盆地边界断层和二级构造边界断层。这种潜在的地质灾害一旦发生，产生的后果不堪设想，后患无穷，应做好海岸带地震的监测和预报工作。

2. 海岸侵蚀形成的灾害

海岸侵蚀的主要特点是地域的广泛性、侵蚀海岸类型的多样性和侵蚀程度的日趋加剧。福建霞浦县 4 千米的海岸，25 年后退 100 米。闽江口长乐以东海岸侵蚀速率为4～5米/年。莆田的嵌头，1953年至今岸线已后退300～400米，嵌头十八巷沉入海。湄洲岛沙岸的侵蚀速率为1米/年。厦门岛东南岸、金门岛北岸和西岸主要是沙质、沙砾质海岸，普遍遭受侵蚀，厦门沙波蚀退率为1～1.9米/年。高崎蚀退率为1米/年，被蚀退岸段16千米。随着闽江口和九龙江口工业建设活动增加，泥沙来源减少，海洋动力加强，福建海岸侵蚀有加剧的趋势。2008年福建海岸侵蚀长度约为90千米。

3. 港口淤积形成的灾害

福建沿岸有众多的入海河口和优良的港湾。但在港口建设中经常碰到的一个问题就是泥沙的淤积。例如，九龙江河流入海泥沙的堆积作用，常造成厦门港和东咀港航道淤积。

二、海洋气候灾害

热带气旋诱发的台风风暴潮是威胁我国最大的海洋灾害，对福建沿海地区的影响很大。据不完全统计，新中国成立以来，登陆或影响福建的台风平均每年达6.6个，占登陆中国台风总数的2/3。

福建近邻海域是我国海域中风浪最大、受热带风暴和台风风暴影响频繁、风暴潮较为严重的海区。台湾海峡年平均风速为7～10米/秒，而我国其他海区的平均风速一般为4～7米/秒。因而，福建沿海地区每年遭受台风风暴潮影响造成的经济损失相当巨大。20世纪90年代以来，福建沿海每年因风暴潮造成的经济损失都在亿元以上。特别是2006年，“珍珠”、“碧利斯”、“桑美”接踵而至，强势登陆的台风给我国东南沿海部分地区造成了重大人员伤亡和财产损失，福建有14个县（市）、164个乡（镇）受灾，受灾人口145.52万人、倒塌房屋4.57万间，大量船只损毁沉没，仅宁德市渔业受灾损失达11.9亿多元。

2008年，福建沿海经历“凤凰”、“海鸥”、“森拉克”、“蔷薇”共4次台风风暴潮过程。其中，“海鸥”和“凤凰”造成灾害性影响：受灾人口162.55万人；农田被淹7.28万公顷；水产养殖损失8500公顷，损失产量10.06万吨；房屋损毁1300间；海岸工程损毁171.99千米；直接经济损失超过17.47亿元。

2008年福建沿海共发生海浪灾害8起，死亡及失踪10人，直接经济损失207万元。

三、 海洋生态灾害

海洋生态灾害主要指由入海的陆源污染物增加引发的赤潮、海域污染，工程失误以及海上油井和船舶漏油、溢油等事故造成的海岸带和近海生态环境恶化。其中，赤潮是海洋生态灾害中常见的一种。

随着福建沿海地区工农业生产的迅速发展，大量工农业废水和生活污水排放入海，海洋污染日趋严重，使沿海的赤潮发生的频率越来越高，损失越来越大。2008年，福建共发现赤潮14起，较2007年减少30%，累计发生面积约479.5千米^2，较2007年增加5.1%。持续累积时间为110天，比2007年增加26天。赤潮主要分布于宁德沿岸、黄岐半岛沿岸、平潭沿岸和厦门同安湾海域。导致赤潮的主要藻种为东海原甲藻、中肋骨条藻、角毛藻和血红哈卡藻。

2008年，福建沿海共发生海洋溢油2起，溢油量9.86吨，直接经济损失约600万元。

第三章

福建海水养殖现状评价

第一节 福建海水养殖现状

根据福建海水养殖实际情况，按照养殖模式可将海水养殖统一划分为池塘养殖、底播养殖、筏式养殖、吊笼养殖、普通网箱养殖、深水网箱养殖和工厂化养殖等。2008 年，福建海水养殖面积为 120 704 公顷，海水养殖产量为 2 836 841 吨。其中，池塘养殖 16 133 公顷、底播养殖 9165 公顷、筏式养殖 816 194 公顷、普通网箱养殖 1056 公顷、深水网箱养殖水体 692 537 米^3、工厂化养殖 140.20 公顷。

一、海水养殖模式

（一）池塘养殖

池塘养殖是指在沿海潮间带或潮上带围塘（围堰）或筑堤利用海水进行人工培育和饲养经济生物。

池塘养殖是福建主要海水养殖方式之一，2008 年养殖面积 16 133 公顷，养殖产量达到 125 167 吨，占海水养殖总产量的 4.41%。池塘养殖主要分布于福建 13 个主要港湾的潮上带和潮间带滩涂区域。多数利用自然纳潮取水，少数利用动力取水，大部分是大排大灌的半精养模式，养殖效益较稳定。

池塘养殖品种主要以甲壳类如凡纳滨对虾（*Litopenaeus vannamei*，俗名南美白对虾）、拟穴青蟹（*Scylla paramamosain*，俗名红蟳）和三疣梭子蟹（*Portunus trituberculatus*）为主，其后依次是斑节对虾（*Penaeus monodon*）、日本囊对虾（*Marsupenaeu japonicus*）、刀额新对虾（*Metapenaeus ensis*）、长毛明对虾（*Fenneropenaeus penicillatus*）等，同时还在虾池中混养少量鱼类如大黄鱼（*Pseudosciaena crocea*）、鲈鱼（*Lateolabrax japonicus*）、牙鲆（*Paralichthys olivaceus*）、大菱鲆（*Scophthalmus maximus*），贝类如菲律宾蛤

仔（*Ruditapes philippinarum*，俗名花蛤）、波纹巴非蛤（*Paphia undulata*）、泥蚶（*Tegillarca granosa*）及藻类如江蓠（*Gracilaria* sp.）等。

（二）网箱养殖

网箱养殖模式在福建有着悠久的发展历史。目前，福建在通网箱养殖的基础上，逐步发展深水网箱养殖。深水网箱养殖的引入，扩大了海上养殖范围，使深水海域的养殖成为可能。但深水网箱养殖投入成本较高，抗台风能力仍显不足，以至于限制了深水网箱的发展和大量投入。因此，在福建，深水网箱还有待于进一步的发展和推广，深水网箱养殖技术也有待于进一步的推广和普及。除此之外，深水网箱养殖优良品种的筛选、养殖产品的销路和经济效益等问题都需要进一步研究解决。

普通网箱养殖是福建较为常见的养殖模式之一。2008 年，福建普通网箱养殖面积 1056 公顷，主要分布在浅海海域，产量 112 499 吨，占海水养殖总产量的 3.97%。深水网箱养殖是福建近几年发展起来的一种养殖模式，截至 2008 年为止，福建已投放深水网箱 569 个，养殖水体 692 537 米^3，产量 4618 吨，占海水养殖总产量的 0.16%。

网箱养殖品种主要有大黄鱼、真鲷（*Chrysophrys major*）、黑鲷（*Sparus macrocephalus*）、黄鳍鲷（*Sparus latus*）、斜带髭鲷（*Hapalogenys nitens*）、花尾胡椒鲷（*Plectorhinchus cinctus*）、鲈鱼、眼斑拟石首鱼（*Sciaenops ocellata*，俗名：美国红鱼）、石斑鱼类、高体鰤（*Seriola dumerili*）和双斑东方鲀（*Takifugu bimaculatus*）等。同时，在网箱中还会吊养皱纹盘鲍（*Haliotis discus*）、杂色鲍（*Haliotis diversicolor*）和刺参（*Stichopus japonicus*）等。

（三）筏式养殖

筏式养殖在福建是应用较为广泛的一种养殖方式，可细分为棚架式、吊笼、延绳吊等多种养殖方式，2008 年，福建筏式养殖面积 816 194 公顷，养殖产量 852 572 吨，占海水养殖总产量的 30.05%，是福建所有养殖模式中产量最高的一种。养殖品种主要有葡萄牙牡蛎（*Crassostrea angulata*）、翡翠贻贝（*Myti-*

lus smaragdinus)、皱纹盘鲍和杂色鲍等贝类，海带（*Laminaria japonica*）、坛紫菜（*Porphyra haitanensis*）、江蓠和羊栖菜（*Sargassum fusiforme*）等藻类，还有少量的条斑紫菜（*Porphyra yezoensis*）、鹿角菜（*Pelvetia siliquosa*）和裙带菜（*Undaria pinnatifida*）等。

（四）底播养殖

底播养殖是指在沿海潮间带和潮下带，利用海域底面人工看护培育和饲养海洋经济生物。按底质环境不同，底播养殖可分为泥沙底质和岩礁底质两类。

2008年，福建底播养殖面积9165公顷，养殖产量131 182吨，占海水养殖总产量的4.62%，主要分布在福建沿海潮间带滩涂和浅海。养殖品种以菲律宾蛤仔、文蛤（*Meretrix meretrix*）、波纹巴菲蛤、缢蛏（*Sinonovacula constricta*）、泥蚶、方斑东风螺（*Babylonia areolata*）为主。

（五）工厂化养殖

工厂化养殖是指在潮上带陆地筑池，以人工提水和增氧等方式在水泥池或者高分子材料中进行集约化的高密度封闭式培育、饲养海洋经济水产生物。

福建工厂化养殖主要分布在诏安湾、湄洲湾、东山湾和厦门湾等港湾沿岸陆域。2008年福建工厂化养殖面积约140.20公顷，养殖产量4149吨，占海水养殖总产量的0.15%；养殖品种以石斑鱼、牙鲆、杂色鲍、皱纹盘鲍为主，还有少量大菱鲆、半滑舌鳎（*Cynoglossus semilaevis*）等。

二、海水养殖种类

（一）鱼类

2008年福建鱼类海水养殖总面积为10 735公顷，产量144 865吨。主要进行池塘养殖、网箱养殖和工厂化养殖，养殖品种有大黄鱼（60 846吨）、鲷科鱼类（15 203吨）、鲈鱼（13 881吨）、石斑鱼（10 761吨）、眼斑拟石首鱼（9425

吨)、鰤鱼（4679 吨)、鲆鱼（2670 吨)、东方鲀（864 吨)、鲽鱼（161 吨）及其他鱼类（26 375 吨）等。

（二）甲壳类

2008 年福建甲壳类海水养殖总面积 19 209 公顷，产量 75 828 吨，其中虾类 39 858 吨，蟹类 35 970 吨。养殖品种有凡纳滨对虾（20 789 吨)、日本囊对虾（7249 吨)、斑节对虾（5752 吨)、刀额新对虾、长毛明对虾、拟穴青蟹（22 551 吨)、三疣梭子蟹（11 696 吨）和其他虾蟹类（4681 吨)。

（三）贝类

2008 年福建贝类海水养殖总面积 64 565 公顷，产量 2 093 068 吨，养殖品种有牡蛎（1 449 234 吨)、蛤（270 955 吨)、缢蛏（173 181 吨)、贻贝（64 045 吨)、蚶（35 904 吨)、鲍（22 871 吨)、扇贝（10 337 吨)、螺（2621 吨）和其他贝类（63 920 吨)。

（四）藻类

2008 年福建藻类海水养殖总面积 25 820 公顷，产量 520 734 吨，养殖品种有海带（427 931 吨)、江蓠（54 118 吨)、紫菜（35 207 吨)、羊栖菜（1281 吨)、麒麟菜（147 吨)、裙带菜（2 吨）和其他藻类（2048 吨）等。

（五）其他海水养殖产品

2008 年福建其他海水养殖产品总面积 375 公顷，产量 2246 吨，养殖品种有刺参（1250 吨)、紫海胆（*Anthocidaris crassipina*，39 吨)、海蜇（*Rhopilema esculentum*，21 吨）和其他品种（936 吨)。

三、 主要港湾海水养殖概况

2008 年，福建 13 个主要港湾海水养殖产量约 2 259 630 吨，约占全省海水养殖总产量的79.65%；海水养殖面积约为103 054公顷，占全省海水养殖总面积的85.38%。其中鱼类养殖产量113 025吨，面积8279公顷；甲壳类养殖产量57 431吨，面积16 047公顷；贝类养殖产量1 707 951吨，面积54 387公顷；藻类养殖产量381 223吨，面积24 332公顷（表3-1）。

表3-1　2008年福建13个主要港湾主要养殖种类产量和面积

港湾名称	合计		鱼类		甲壳类		贝类		藻类	
	产量/吨	面积/公顷	产量/吨	面积/公顷	产量 吨	面积/公顷	产量/吨	面积/公顷	产量/吨	面积/公顷
沙埕港	47 262	4 910	8 908	325	5 932	1 868	20 807	1 411	11 615	1 306
三沙湾	316 032	23 964	50 270	3 653	9 701	2 520	148 923	9 834	107 138	7 957
罗源湾	209 000	9 211	21 112	758	8 654	2 518	109 625	2 708	69 609	3 227
闽江口	54 801	2 601	1 916	154	4 180	664	45 497	1 288	3 208	495
福清湾	143 874	5 541	3 277	126	1 763	592	129 852	3 949	8 982	874
兴化湾	278 113	11 855	4 240	608	3 438	1 190	251 279	8 258	19 156	1 799
湄洲湾	354 061	10 766	2 123	133	2 682	672	236 277	5 556	112 979	4 405
泉州湾	41 577	3 355	1 055	289	3 099	548	34 746	2 321	2 677	197
深沪湾	37 981	958	12	25	0	0	37 641	899	328	34
厦门湾	217 991	9 138	5 242	278	8 109	2 098	202 556	5 242	2 084	1 520
旧镇湾	70 302	3 636	2 904	298	2 082	515	58 174	2 332	7 142	491
东山湾	311 927	10 505	7 359	1 172	5 800	1 273	267 304	6 370	31 464	1 690
诏安湾	176 709	6 605	4 607	460	1 991	1 589	165 270	4 219	4 841	337
合计	2 259 630	103 045	113 025	8 279	57 431	16 047	1 707 951	54 387	381 223	24 332

注：本表中福清湾指福清湾及海坛海峡。

第二节　福建海水养殖现状分析

一、海水养殖模式评析

随着海水养殖设施的现代化，福建海水养殖模式也在不断地变化和发展。由原来的粗养为主，逐步发展为以半精养为主、粗养和精养为辅，由劳动密集型向技术型转变，集约化养殖和多品种生态健康养殖也有了长足的发展。先进的育苗、养殖、机械增氧设施及水处理设施的应用，进一步促进了福建海水养殖业现代化的进程。2008 年，筏式养殖产量最高，占福建 13 个主要港湾海水养殖总产量的 57.8%，其后依次是：底播养殖占 19.0%、池塘养殖占 12.0%、普通网箱养殖占 10.4%、吊笼养殖占 0.3%、深水网箱养殖占 0.3%、工厂化养殖占 0.2%（图 3-1）。

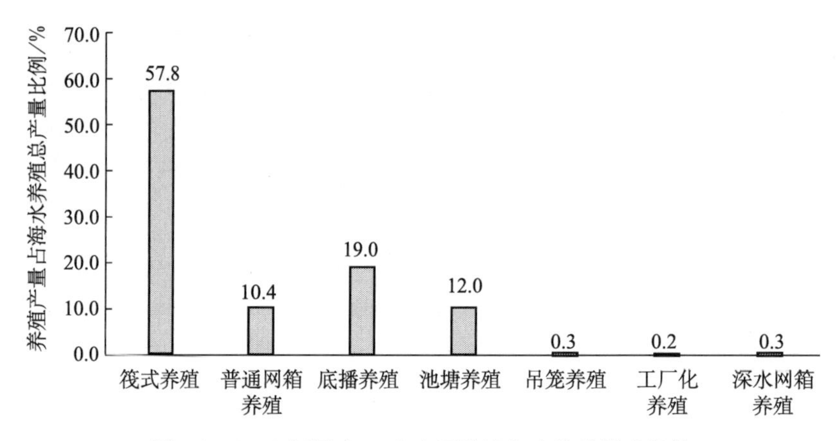

图 3-1　2008 年福建 13 个主要港湾海水养殖模式结构

（一）池塘养殖

池塘养殖在福建是一种常见的海水养殖方式。2008 年，福建 13 个主要港湾池塘养殖产量占总产量的 12.0%。池塘养殖以半精养池塘养殖为主，粗养和精养为辅。池塘半精养一般在放苗前要进行清塘除害；养殖初期以施肥培养基础饵料为主，养殖生物主要以池塘的基础动植物饵料为食；养殖中、后期，则以池塘基础饵料为主，辅以投饵。池塘粗养整个养殖过程不投饵，全部依靠池塘的基础饵料。池塘精养方式是比较先进的养殖方式，池塘面积较小，一般为 0.15～1.0 公顷，具有完善的进排水系统及增氧设施，水深一般在 2 米左右，整个养殖过程均投喂优质的人工配合饵料，放养密度较高，产量也较高。在三种池塘养殖模式中，半精养池塘养殖模式较为普遍，粗养池塘养殖模式逐渐减少，近年精养池塘养殖模式有较大的发展。尽管精养池塘养殖密度大、产量高，但由于其需要较好的设施和较高的养殖技术，养殖风险也较大，因此发展受到了一定的限制。

从2008年海水池塘养殖产量来看，福建13个主要港湾池塘养殖产量以兴化湾最高，达37 730吨，其后依次是诏安湾、三沙湾、福清湾及海坛海峡、罗源湾、闽江口和沙埕港等（图3-2）。

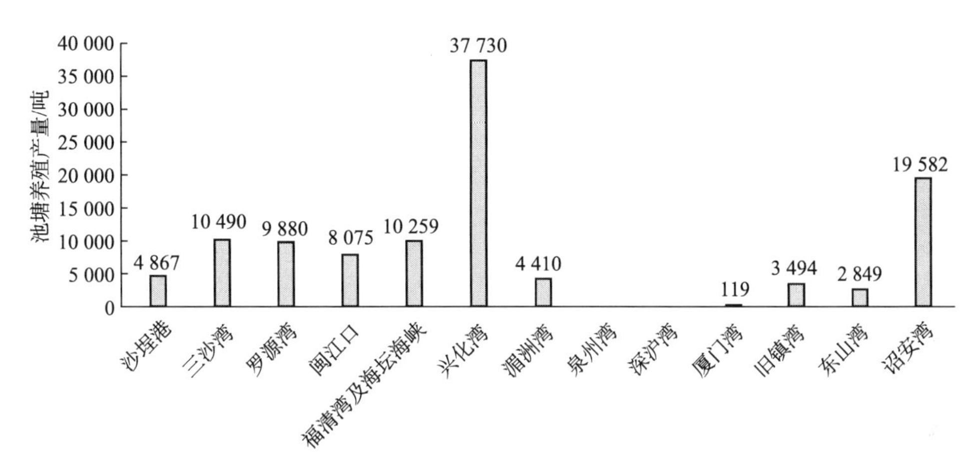

图3-2 2008年福建13个主要港湾池塘养殖产量

但是，由于近年来各地大量的围填海、城镇建设和其他工业项目的开发，福建原有池塘养殖面积有缩减的趋势，有关部门应对此予以重视。

（二）网箱养殖

网箱养殖方式大致可以分为两种，即普通网箱养殖和深水网箱养殖。

1）普通网箱养殖。普通网箱养殖具有悠久的发展历史，养殖技术比较成熟，养殖品种是好中选优。2008年福建13个主要港湾普通网箱养殖产量占总产量的10.4%。深水网箱养殖方式是近几年兴起的一种养殖方式，在福建13个主要港湾有少量投放，由于投入成本较高，配套设施及相匹配的养殖品种、养殖技术等问题未得到有效解决，目前在福建仍未得到广泛的推广，13个主要港湾深水网箱养殖产量占海水养殖总产量的0.3%。

2）深水网箱养殖。深水网箱抗风浪能力较强，一般投放于离岸较远的深水海域，因此其水交换能力较好，养殖环境质量良好。深水网箱具有较强抗击自然灾害的能力，但设施及管理成本较高，实际养殖网箱数量有限。福建13个主要港湾，除泉州湾、深沪湾、旧镇湾、诏安湾和闽江口等不具备投放深水网箱的基本条件外，三沙湾、沙埕港、罗源湾、福清湾及海坛海峡、兴化湾、湄州湾、厦门湾和东山湾均符合投放深水网箱的要求。目前深水网箱在福建13个主要港湾投放数量不是很多，截至2008年，全省深水网箱已投放569个，还有投放的空间和可能性。通过本项目研究，选划出适合投放深水网箱的潜在养殖区域，加大深水网箱的投放力度，加强养殖技术配套服务，优选适合深水网箱养殖的养殖品种，将有力推进大型抗风浪深水网箱养殖业的发展进程。

福建13个主要港湾中，三沙湾普通网箱养殖产量最高，为54 253吨，其后依次是罗源湾、沙埕港、福清湾及海坛海峡、湄洲湾、诏安湾、东山湾、闽江口、兴化湾和深沪湾；深水网箱养殖产量也以三沙湾最高，为1058吨，其后依次是福清湾及海坛海峡、罗源湾、厦门湾、沙埕港、湄洲湾和东山湾等（图3-3、图3-4）。

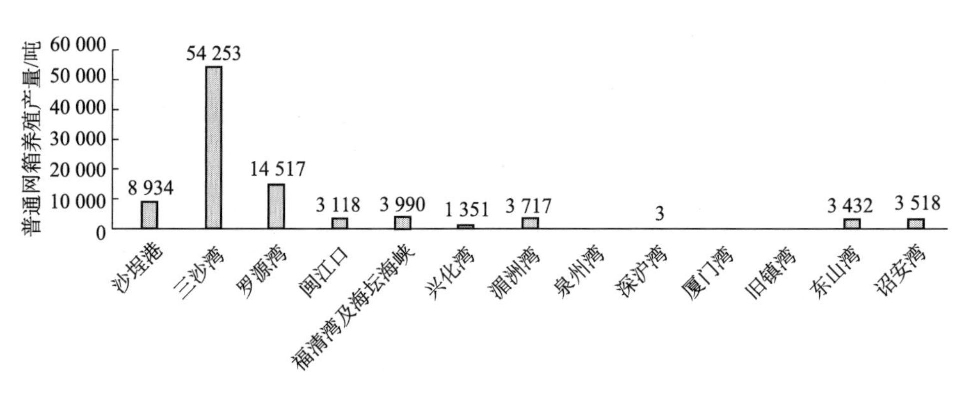

图3-3　2008年13个主要港湾普通网箱养殖产量

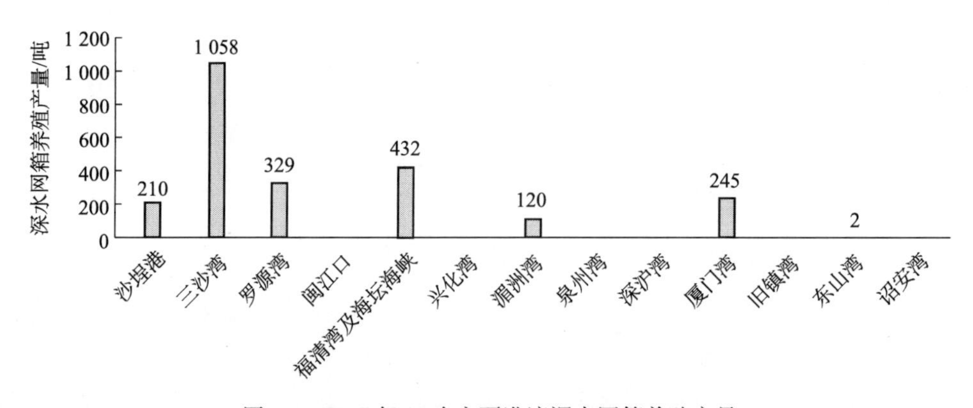

图3-4　2008年13个主要港湾深水网箱养殖产量

（三）筏式养殖

筏式养殖是福建主要海水养殖方式，2008年，13个主要港湾筏式养殖产量占总产量的57.8%，养殖品种主要为牡蛎、鲍鱼、贻贝等贝类和海带、紫菜、江蓠等藻类。福建13个主要港湾中，诏安湾的筏式养殖产量最高，为126 588吨，其后依次是罗源湾、厦门湾、兴化湾、湄洲湾、三沙湾、深沪湾、东山湾、沙埕港、泉州湾、福清湾及海坛海峡、闽江口和旧镇湾（图3-5）。

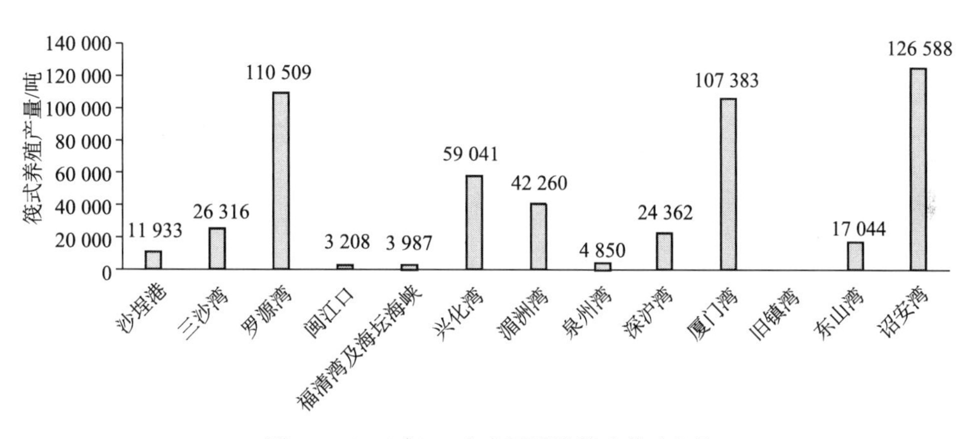

图3-5 2008年13个主要港湾筏式养殖产量

筏式养殖可分为吊绳养殖和网笼吊养。可采用贝、藻间养，一般分为区间养和绳间养。贝、藻间养是一种较好的养殖形式，这种养殖方式不仅能够充分利用水体，而且可以保持海区的生态平衡，使两者互利互补，创造良好的养殖环境。

（四）底播养殖

底播养殖是一种投资少、污染轻、潜力大的养殖模式，可充分利用浅海和潮下带水域的海底进行养殖。2008年，13个主要港弯底播养殖产量仅次于筏式养殖位居第二，占总产量的19.0%。福建13个主要港湾中，闽江口底播养殖产量最高，为39 141吨，其后依次是诏安湾、兴化湾、东山湾、厦门湾、福清湾及海坛海峡、沙埕港、湄洲湾、罗源湾和三沙湾等（图3-6）。养殖品种主要有菲律宾蛤仔、缢蛏、泥蚶、波纹巴非蛤、文蛤、方斑东风螺等。

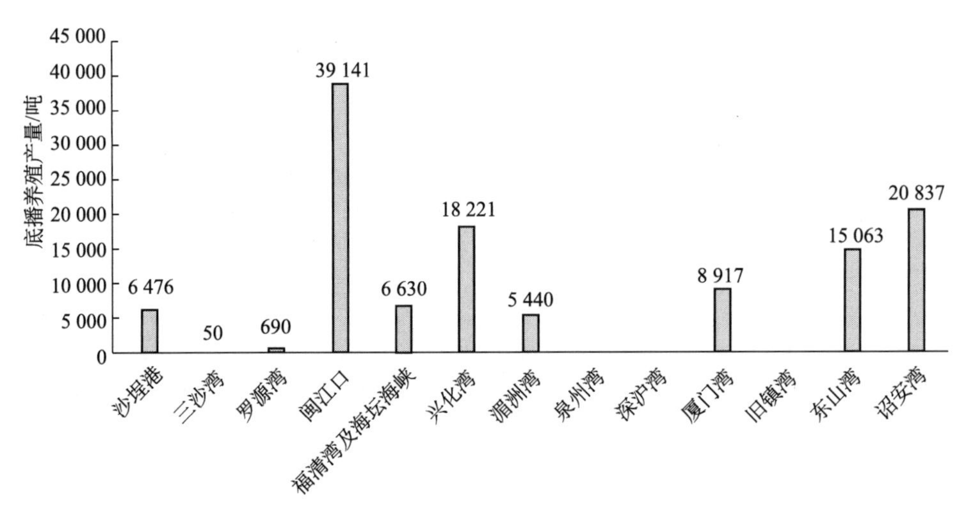

图 3-6　2008 年 13 个主要港湾底播养殖产量

(五) 工厂化养殖

工厂化养殖是一种现代化水产养殖方式，依托现代的养殖工程和水处理设备、工艺过程，对水质、水流、光照及饲料等各方面实行全人工控制，为养殖生物提供适宜的生长的环境条件，实现高产、高效的养殖目的。

2008 年，13 个港湾沿岸工厂化养殖产量为 2151 吨，占总产量的 0.2%。其中诏安湾沿岸最多，为 1165 吨，其后依次为是东山湾、湄洲湾、厦门湾和福清湾及海坛海峡（图 3-7）。总体上看，福建工厂化养殖的规模

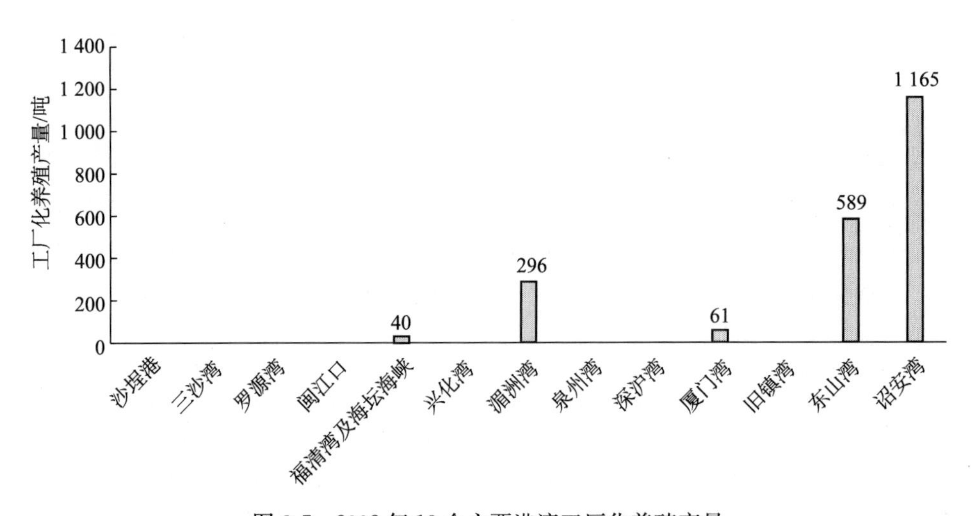

图 3-7　2008 年 13 个主要港湾工厂化养殖产量

不大，仍有广阔的发展空间。未来，福建可通过推广循环水养殖、节能减排与生物净化、多品种立体化高密度混养等新型的节能高效养殖技术，以及研制以水环境消毒处理为核心的高效能工厂化养殖新型污水处理设备，逐步建立无公害工厂化高效养殖集成技术体系，实现工厂化海水养殖的环境友好、养殖低能耗和产品无公害。

二、 福建省海水苗种场现状评析

据 2010 年福建省海洋与渔业厅提供的资料，福建获得批准的国家级海水原种场和良种场 15 座（表 3-2），已颁发生产许可证的海水水产原种场和良种场 10 座（表 3-3）。其中，4 座原种场分别位于宁德市蕉城区、莆田市秀屿区、福州市平潭县和罗源县；良种场则主要分布在漳州市、泉州市、莆田市、福州市和厦门市等地。福建海水原种场、良种场、苗种场数量多，分布也较为合理，培育的水产苗种品种齐全数量充足，不仅可以满足福建省内海水养殖业需求，而且还向省外输出大量的水产苗种。由于苗种场数量多，生产能力充裕，建议对水源、环境条件差及技术力量薄弱的苗种场进行整改或关停，以确保苗种质量。

表 3-2　福建国家级原种场和良种场项目情况表

序号	项目名称	项目单位	批件文号
1	宁德市大黄鱼原种场	宁德市水产技术推广站	农计发［1998］27 号
2	福建省坛紫菜原种场	福州市水产技术推广站	农计函［2004］426 号
3	莆田僧帽牡蛎原种场	莆田水产技术推广站	农计发［2002］27 号
4	泉州市锯缘青蟹良种场	泉州昌盛渔业有限公司	农计函［2005］344 号
5	漳州闽台水产良种繁育场	漳州市水产技术推广站	农计函［2003］111 号
6	漳州九孔鲍良种场	漳州市东山湾海珍品良种场前亭分场	农计函［2004］426 号
7	莆田花蛤良种场	莆田海源实业有限公司	农计函［2003］111 号
8	厦门市杂色鲍良种场	厦门海洋与渔业局	农计函［2006］96 号
9	连江海带良种场	连江海带育苗场	农计函［2006］96 号
10	连江点带石斑鱼良种场	连江黄岐湾水产养殖有限公司	农计函［2007］403 号
11	三沙海带良种场	福建省三沙渔业公司	农计函［2007］403 号
12	罗源县长毛明对虾原种场	罗源县长盛水产发展有限公司	农计函［2008］55 号

续表

序号	项目名称	项目单位	批件文号
13	南安市坛紫菜良种场	南安市石井镇昌盛水产育苗场	农计函［2008］55号
14	宁德市海名威大黄鱼良种场	宁德市海洋技术开发有限公司	农计函［2010］55号
15	福鼎花鲈良种场	福鼎闽威水产实业有限公司	农计函［2007］196号

表3-3　福建水产苗种生产许可证登记表

序号	单位名称	法人代表	建场地址	许可证号
1	福建省大成水产良种繁育试验中心	林国清	福州市连江县筱埕镇大埕村	(2009) 闽海渔苗种许可字001号
2	漳州市东山湾海珍品良种场	林进发	漳浦县古雷镇东林村鲍鱼城内	(2006) 闽海渔苗种许可字006号
3	漳州市东山湾海珍品良种场前亭分场	郭凌宏	漳浦县前亭镇后蔡村	(2006) 闽海渔苗种许可字007号
4	漳州市前亭水产良种场	蔡葆青	漳浦县前亭镇崎沙村	(2006) 闽海渔苗种许可字008号
5	福建省莆田市海源花蛤良种场	林秋云	莆田市秀屿区北江围垦	(2006) 闽海渔苗种许可字017号
6	福建省海水鱼类苗种繁育科研中试基地	林光纪	福建省漳州市龙海港尾大径村	(2010) 闽海渔苗种许可字002号
7	福建省连江大官坂福州市水技站实验场	陈奋桑	福州市连江县坑园镇大官坂垦区	(2006) 闽海渔苗种许可字004号
8	福建省莆田市平海僧帽牡蛎原种场	吴天明	莆田市秀屿区平海镇平海村	(2006) 闽海渔苗种许可字018号
9	福建省三沙渔业有限公司	陈丹敏	霞浦县三沙镇五沃村四沃50号	(2006) 闽海渔苗种许可字019号
10	宁德市水产技术推广站试验场	王兴春	宁德市蕉城区三都镇秋竹村柴楼岗	(2006) 闽海渔苗种许可字005号

据2008年统计数据，福建有海水苗种场1489座，育苗水体达33 135 795米^3，生产鱼苗213 523万尾、虾苗24 522 872万尾、贝苗81 363 950万粒、藻苗1 906 193万贝（表3-4）。

表3-4　福建苗种场情况及生产能力

地区	育苗场数量/个	育苗水体/米^3	鱼类/万尾	虾类/万尾	贝类/万粒	藻类/万株或万贝
宁德市	311	220 806	104 270	38 932	98 330	216 605
福州市	265	31 654 737	31 700	115 000	75 101 541	1 507 835
莆田市	78	175 838	—	385 420	20 470	115 345
泉州市	27	55 000	4	220 000	958 959	173
厦门市	419	635 959	0	21 840 000	1 050	1 000
漳州市	389	393 455	77 549	1 923 520	5 183 600	65 235
合计	1 489	33 135 795	213 523	24 522 872	81 363 950	1 906 193

沿海各设区（市）中，海水苗种场数量以厦门市最多，泉州市最少；海水育苗水体以福州市最大，泉州市最小；宁德市海水鱼苗种产量最多，莆田市和厦门市最少；虾类苗种产量以厦门市最多，福州市和宁德市最少；贝类苗种产量以福州市为最多，莆田市和厦门市最少。宁德市苗种培育种类以鱼类和藻类为主，福州市则以贝类和藻类为主，莆田市以虾类和藻类为主，泉州市以贝类和虾类为主，厦门市以虾类为主；漳州市以贝类和虾类为主。众多的苗种场可以基本满足福建海水养殖对苗种的需求，并可成批量销往省外，但也有少数养殖品种在集中放苗季节，仍需从外地调入部分苗种。

目前，福建海水育苗产业仍存在优良苗种覆盖率低、种质退化等问题。近年来，随着福建海水养殖生产的快速发展，部分养殖区养殖密集、种类单一、布局规划不合理等现象相当严重以及与之相配套的苗种生产也存在同样问题。水产苗种场建设无序，布局不合理，往往会造成育苗数量过剩、生产水平低，以及无序竞争的局面。以大黄鱼苗种生产为例。福建的大黄鱼是目前我国最具规模的海水养殖鱼类，但是由于没有注意开展定向选育，人工培育的大黄鱼苗种已出现抗病力减弱、种质退化现象。2005 年夏季大黄鱼主要养殖区——福建宁德市官井洋海区就出现网箱养殖大黄鱼鱼苗大量死亡的现象，有的养殖场死亡率高达 50%以上，甚至达到 100%。宁德市有 300 多个大黄鱼育苗场，其育苗生产能力大大超过养殖的需求，造成育苗设施的极大浪费。过去培育苗种的密度一般为 2000 尾/米^3，而现在则高达 1 万～2 万尾/米^3，育苗密度过大，致使苗种体质弱，抗病能力降低。同时，苗种生产无序竞争，导致低价劣质苗种充斥市场，易引发严重的养殖病害，造成经济效益下降。

福建沿海各市生产的苗种品种主要有大黄鱼、鲆类、凡纳滨对虾、鲍鱼、牡蛎、泥蚶、花蛤、缢蛏、海带和紫菜等。宁德市以生产海带苗、大黄鱼苗、牡蛎苗、凡纳滨对虾苗、鲍鱼苗、紫菜苗、鲆类苗和缢蛏苗为主；福州市以生产海带苗、凡纳滨对虾苗、鲍鱼苗、大黄鱼苗、蛤苗、牡蛎苗、紫菜苗和缢蛏苗为主；莆田市以生产凡纳滨对虾苗、海带苗、牡蛎苗、鲍鱼苗、紫菜苗、蛤苗和缢蛏苗为主；泉州市以生产凡纳滨对虾苗、鲍鱼苗、紫菜苗、海带苗、缢蛏苗和蛤苗为主；厦门市以生产凡纳滨对虾苗、紫菜苗和鲍鱼苗为主；漳州市则以生产凡纳滨对虾苗、蚶苗、海带苗、鲍鱼苗、鲆类、牡蛎苗、蛤苗、紫菜苗和缢蛏苗为主（表 3-5）。

表 3-5　福建主要海水养殖品种苗种产量

地区	大黄鱼/万尾	鲆类/万尾	凡纳滨对虾/万尾	鲍鱼/万粒	牡蛎/万贝	蚶苗/万粒	蛤苗/吨	缢蛏苗/吨	海带苗/万株	紫菜苗/万贝
宁德市	92 720	1 500	36 002	30 330	52 000	0	0	1 135	204 000	12 605
福州市	31 500	0	114 000	55 335	14 697	0	16 035	38	1 500 000	7 835
莆田市	0	0	285 420	20 320	40 430	0	3 310	500	96 000	19 345
泉州市	0	0	220 000	8 790	0	0	302	482	700	5 473
厦门市	0	0	19 791 000	50	0	0	0	0	0	1 000
漳州市	0	703	1 535 000	58 634	665	100 000	420	135	65 000	235
合计	124 220	2 203	21 981 422	173 459	107 792	100 000	20 067	2 290	1 865 700	46 493

三、　海水养殖结构及产出分析

2000～2008 年，福建海水养殖业变化趋势为先增、后降、后又稳步上升。海水养殖产量和面积一度由 2000 年的 2 627 057 吨和 130 283 公顷扩大到 2005 年的 3 097 371 吨和 152 691 公顷。养殖产量和面积最大的年份为 2005 年。2005 年之后，福建沿海均兴起了围填海热潮，部分原有的养殖海域被迫退出，致使 2006 年海水养殖总面积和产量的急剧下降。福建海水养殖总产量从 2005 年的3 097 371吨下降到 2007 年的 2 721 497 吨，该产量略高于 2000 年，而低于统计范围中的其他年份，与 2001 年产量持平；养殖面积由 2005 年的 152 691 公顷下降至 2006 年的 110 120 公顷，为 2000～2008 年的 9 年间除 2007 年外的最低水平（图 3-8）。2008 年，福建海水养殖面积出现回升趋势（图 3-8），但单位面积产量却不及 2007 年（图 3-9）。单位面积产量由 2000 年 20.16 吨/公顷提高到 2007 年的 24.92 吨/公顷，增幅 23.61％（图 3-9）。2000～2008 年，福建各养殖种类的养殖面积和产量变化情况见表 3-6。

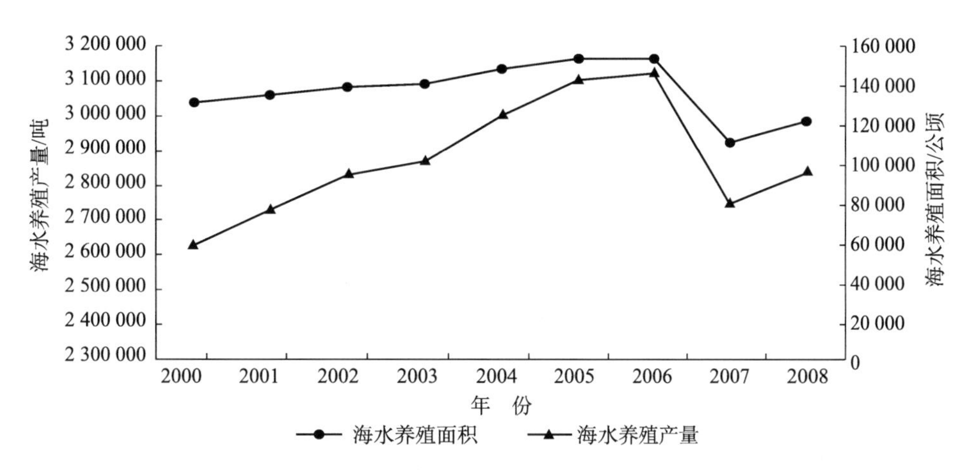

图 3-8　福建海水养殖产量和养殖面积

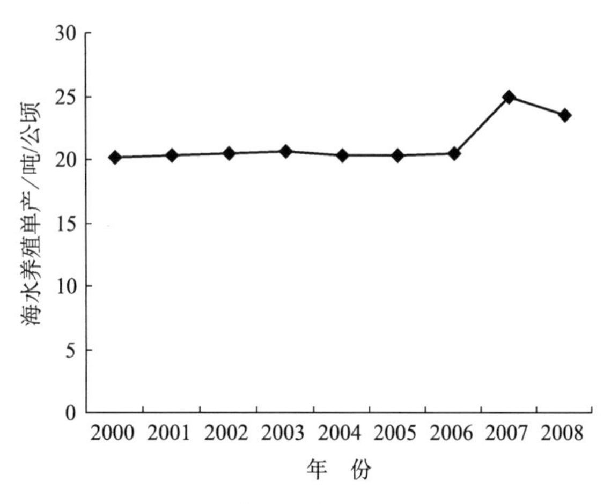

图 3-9　福建海水养殖单位面积产量

表 3-6　福建海水养殖发展变化基本情况表

年份	合计		鱼类		甲壳类		贝类		藻类		其他	
	产量/吨	面积/公顷	产量/吨	面积/公顷	产量/吨	面积/公顷	产量/吨	面积/公顷	产量/吨	面积/公顷	产量/吨	面积/公顷
2000	2 627 057	130 283	102 040	11 387	42 875	19 076	2 161 334	81 981	317 106	17 253	3 702	586
2001	2 726 099	134 327	109 530	11 391	41 597	20 387	2 229 335	84 196	344 325	17 962	1 312	391
2002	2 829 565	137 987	117 597	11 243	52 614	22 408	2 270 981	84 564	385 258	19 201	3 115	572
2003	2 866 726	139 420	119 226	8 809	62 474	20 925	2 266 461	83 291	414 052	25 833	4 513	562
2004	2 999 467	147 494	141 142	8 935	62 192	22 878	2 352 817	85 109	439 798	30 025	3 518	547
2005	3 097 371	152 691	148 549	10 626	72 325	24 876	2 408 263	85 227	465 217	31 481	3 017	481
2006	3 118 800	152 298	149 262	12 157	73 782	25 212	2 394 276	84 223	499 134	30 431	2 346	276
2007	2 743 753	110 120	140 381	9 893	68 870	17 273	2 056 522	57 754	476 031	24 964	1 949	236
2008	2 836 841	120 704	144 965	10 735	75 828	19 209	2 093 068	64 565	520 734	25 820	2 246	375

四、 海水养殖品种评析

目前，福建海水养殖结构已从相对单一化向多元化转化，养殖品种多种多样，名优珍稀养殖品种越来越多，海水养殖种类结构不断优化，逐步向优质化、多元化、合理化、高效化转变。

2000～2008年，海水养殖结构已经历数次调整，逐步形成了多品种、高效益养殖的新格局，鱼类有鲈鱼、石斑鱼、眼斑拟石首鱼、高体鰤、双斑东方鲀、牙鲆、大菱鲆、真鲷、黄鳍鲷等；甲壳类有凡纳滨对虾、刀额新对虾、长毛明对虾、斑节对虾、日本囊对虾、拟穴青蟹、三疣梭子蟹等；贝类有葡萄牙牡蛎、杂色鲍、皱纹盘鲍、方斑东风螺、贻贝、扇贝、江珧、泥蚶、缢蛏、花蛤、文蛤等；藻类有海带、坛紫菜、江蓠和羊栖菜等；其他种类还有海参和海胆等。

2008年，福建13个主要港湾海水养殖种类以贝类为主，其后依次是藻类、鱼类和甲壳类。贝类养殖面积达54 387公顷，产量达1 707 951吨，其后依次是藻类（面积24 332公顷，产量381 223吨）、鱼类（面积8279公顷，产量113 025吨）和甲壳类（面积16 047公顷，产量57 431吨）。产量方面，贝类产量最高，其后依次是藻类、鱼类和甲壳类。在13个主要港湾中，养殖总产量以湄洲湾最高，其后依次是三沙湾和东山湾（图3-10）。在各养殖品种中，贝类养殖以牡蛎为主，其次是蛤、缢蛏、蚶、贻贝、扇贝、鲍鱼、螺和江珧等；藻类养殖则以海带为主，其后依次是紫菜、江蓠、羊栖菜和裙带菜等；鱼类养殖以大黄鱼为主，其后依次是鲷科鱼类、眼斑拟石首鱼、石斑鱼、鲈鱼、鰤鱼、鲆类和东方鲀等；甲壳类养殖则以青蟹为主，其后依次是凡纳滨对虾、梭子蟹、斑节对虾、日本囊对虾、刀额新对虾和长毛明对虾等；其他种类则以海参和海胆等为主。若以养殖面积而论，13个主要港湾中，以三沙湾海水养殖面积最大（23 964公顷），其后依次是兴化湾、湄洲湾、东山湾、罗源湾、厦门湾、诏安湾、福清湾及海坛海峡、沙埕港等，多数港湾贝类养殖面积明显大于其他养殖品种（图3-11）。

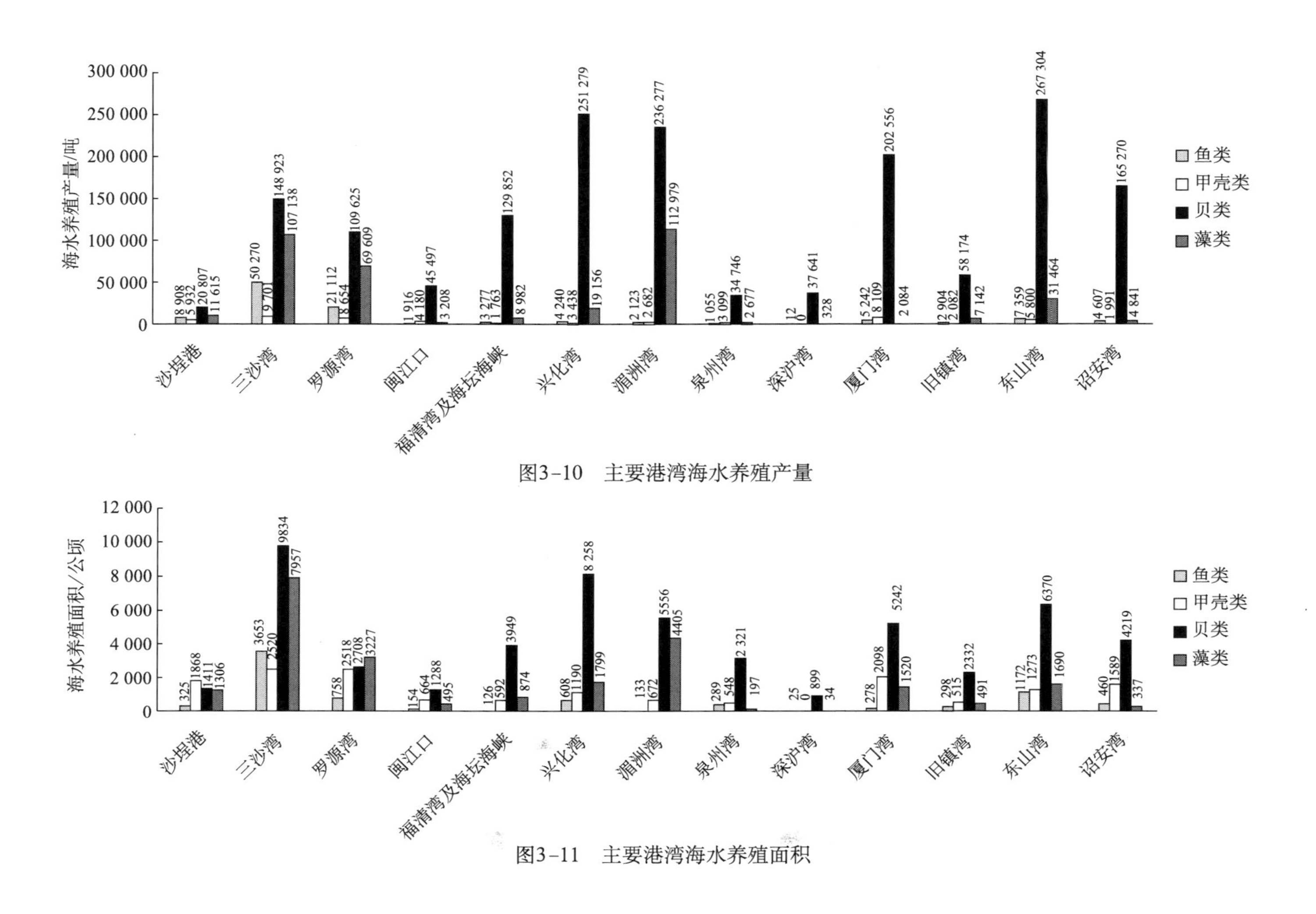

图3-10 主要港湾海水养殖产量

图3-11 主要港湾海水养殖面积

五、 海水养殖技术评析

海水养殖技术对福建海水养殖业的发展起着至关重要的作用。2000 年以来，福建海水养殖科学研究取得了可喜的成果，广泛进行了新技术集成、示范与推广，将科技转化为生产力，极大地推动了海水养殖业的发展。目前，福建已成为全国海水养殖大省之一。2008 年，福建全省海水养殖产量达 283.68 万吨，比 2000 年增长 25.9%。如曼氏无针乌贼（*Sepiella maindroni*）、大西洋王鲷（金头鲷）（*Sparus aurata*）、刺参等一批海水新品种的推广，已使新品种的养殖形成了一定的规模。近年，宁德市厚壳贻贝（*Mytilus coruscus*）育苗、曼氏无针乌贼育苗及养成取得突破；福州市着力推广的大西洋王鲷（金头鲷）、刺参等海水新品种取得良好成效；连江县的鲍鱼养殖产量已为全国第一，被誉名为“鲍鱼之乡”。福建沿海大力发展藻类养殖，藻类（以海带、江蓠、紫菜为主）养殖面积、产量和效益均创历史新高。海水养殖技术的创新和推广、新品种的开发和引进成为福建海水养殖发展的内在动力，使福建海水养殖业得到了跨跃式的发展。

福建海水养殖模式有池塘养殖、工厂化养殖、普通网箱养殖、大型抗风浪深水网箱养殖、筏式养殖、底播养殖等。其中，以筏式养殖产量最高、其后依次是底播养殖、池塘养殖和普通网箱养殖，工厂化养殖和大型抗风浪深水网箱养殖均较少。福建海水养殖仍以传统养殖模式为主，高位池养殖、工厂化高密度养殖和高密度深水网箱养殖等集约化养殖较少，养殖技术有待进一步提高。海水养殖技术、养殖设施及养殖模式等方面还存在一些不足，制约着福建海水养殖的健康发展。要想促进福建海水养殖的跨越式发展，必须加大养殖技术研究的投入，创建新型高效的养殖模式，突破新的养殖技术，开发和引进新的养殖设施。

六、 海水养殖病害防控评价

2008年，福建水产养殖病害引起的损失数量为5584公顷，损失的产量达20 310吨，直接经济损失达22 187万元。其中，池塘养殖损失数量达3885吨，直接经济损失为6802万元；网箱养殖损失数量为15 817吨，直接经济损失为10 125万元；围栏养殖损失数量达1吨，直接经济损失为14万元；工厂化养殖损失28座，直接经济损失为176万元；种苗繁育场损失数量为40个，直接经济损失为334万元。福建海水养殖病害几乎全年都有发生，且多达几十种，造成的经济损失高达数亿元，因此病害是福建海水养殖成败的关键因素。

据统计，福建海水养殖病害主要包括病毒性病害、细菌性病害、寄生虫病、真菌性病害和其他病害等。比较常见的有细菌性溃烂病、弧菌病、红体病、白斑病、弧菌病、白芒病、片盘虫病、腹水病、纤虫病、脓包病、饱水病、假单胞菌病、贝尼登虫病、刺激性隐核虫病、瓣体虫病、黏孢子虫病、烂鳃病、涡虫病、烂苗病、淋巴囊肿病等。其中以细菌性疾病和寄生虫病最为多发(图3-12)。

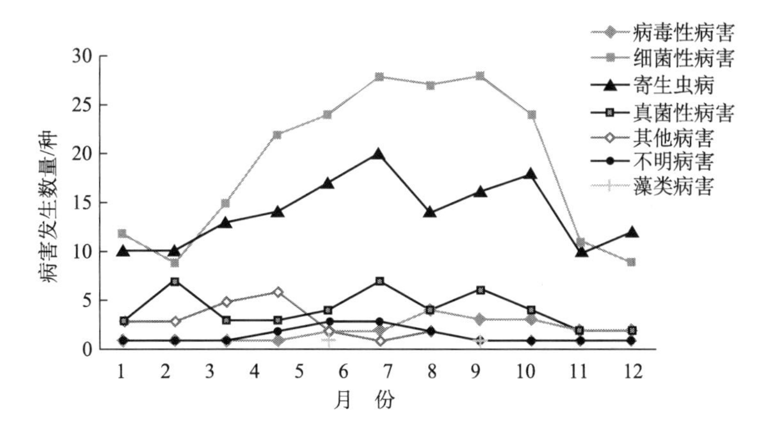

图3-12 2008年福建海水养殖病害发生情况

总体上看，福建海水养殖病害较为严重，特别是大黄鱼、鲍以及对虾的病害种类多、规模大、突发性强、流行时间长，危害大，每年因病害造成经济损失约数亿元。要想解决海水养殖中发生的病害问题，应做到以防为主、防治结合。健康的养殖模式和技术是实现海水健康养殖的基础和保障，为此，必须开展不同营养级次的多品种科学混养，构建良好的生态立体化健康养殖模式，应充分利用水域天然生产力，实现生态健康养殖。在养殖过程中，应充分利用不同养殖品种的生物学特性和生态习性进行综合养殖，使海水养殖区域维持一个良好的生态环境，实现生态健康养殖。虽然福建的水产养殖病害防治和预警体系建设在全国范围内处于一定的领先地位，但仍有待进一步的协调和整合，以提高病害防治的技术水平和处置能力，保障海水养殖生产的顺利进行。

目前在海水养殖病害防治过程中，渔药的使用也存在一些违规情况，有可能导致水产品出现质量安全问题。为满足国内外市场对养殖水产品质量的要求，避免渔药残留对消费者身体健康和消费信心的影响，首先要对海水养殖区域进行合理化布局，推广健康养殖技术，降低病害的发生率和危害程度；其次是要规范、合理使用渔药，禁止使用禁用药物，按照无公害标准生产，提高养殖水产品的质量。

七、 福建省海水养殖区域布局分析

目前，福建海水养殖主要分布在港湾内、湾外近岸海域及部分有岛屿掩护的开放海域。2008 年福建 13 个主要港湾海水养殖面积占全省海水养殖总面积的 79.65%。海水养殖产量占全福建海水养殖总产量的 85.38%。由此可见，湾内海域仍是海水养殖业最主要的生产场所。目前由于养殖技术及装备等问题，福建海水养殖向湾外海域拓展仍面临着相当大的困难。

福建多数港湾海水养殖布局存在分布不均，局部区域过于密集，超过养殖容量，缺乏科学、统一规划等问题。除港湾以外的其他大量海域由于其他行业用海或养殖适宜性较差等原因，养殖区域较小且零散。同时，湾内养殖布局结构也不尽合理，常常出现单一品种、单一模式的大面积密集养殖的现象，而这样的密集区容易导致病害频发、生长缓慢等一系列问题，影响海水养殖业的健康发展。

从海水养殖业地区分布看，传统的浅海滩涂海水养殖主要分布在宁德、漳州、福州等地，而水产苗种培育、工厂化养殖主要分布在漳州、厦门、宁德等地，沿海地区之间的分工和协作有待加强。

第四章

福建海水养殖容量评价

第一节 典型港湾选择

根据地理位置、港湾形态、海水养殖现状特点，在福建13个主要港湾中选择罗源湾、深沪湾、诏安湾作为典型港湾，进行海水养殖容量评价。2004年，福建省水产研究所完成的《福建主要港湾水产养殖容量》（内部资料）对这三个港湾进行了全面调查和容量研究。

1. *罗源湾*

位于福建沿海北部，为典型封闭式港湾，海域面积216.44千米^2，其中垦区53.82千米^2、滩涂78.18千米^2、浅海84.44千米^2。以浅海延绳式（大型藻类、滤食性贝类）、传统网箱（鱼类、鲍鱼）、池塘（鱼虾蟹贝）养殖为主，部分区域超过容量，出现病害严重等一系列问题。

2. *深沪湾*

位于福建沿海中部，为开放式港湾，海域面积28.52千米^2，其中垦区0.56千米^2、滩涂8.85千米^2、浅海19.11千米^2。以滤食性贝类（牡蛎）养殖为主。

3. *诏安湾*

位于福建沿海南部，为半封闭式港湾，海域面积211.28千米^2，其中垦区51.99千米^2、滩涂32.4千米^2、浅海126.89千米^2。以滤食性贝类、网箱（鱼类）、池塘（鱼虾蟹贝）养殖为主。湾内海域大面积养殖牡蛎、巴菲蛤等滤食性贝类，已经超过容量，出现生长缓慢、减产等现象。

第二节 典型港湾调查

一、典型港湾生态环境调查

（一）调查项目

2005～2006年，福建省908专项——“福建主要港湾环境容量研究”项目对包括罗源湾、深沪湾、诏安湾在内的13个主要港湾的水质、沉积物、生物质量、生物生态、入海污染源进行全面调查，其中与养殖容量评价相关的调查项目为海水无机氮和活性磷酸盐、入海污染物总氮含量（TN）和总磷含量（TP）。

（二）调查站位

1. 罗源湾调查站位

调查进行了秋季及次年春季两个航次，调查时间分别为2005年9月和2006年5月。调查站位见表4-1和图4-1。

表4-1 罗源湾调查站位表

序号	站名	站位坐标		序号	站名	站位坐标	
1	A1	119.682°E	26.465°N	8	C2	119.735°E	26.412°N
2	A2	119.675°E	26.459°N	9	C3	119.719°E	26.398°N
3	A3	119.673°E	26.452°N	10	D1	119.759°E	26.401°N
4	B1	119.727°E	26.437°N	11	D2	119.751°E	26.391°N
5	B2	119.716°E	26.432°N	12	D3	119.747°E	26.382°N
6	B3	119.707°E	26.420°N	13	D4	119.741°E	26.379°N
7	C1	119.748°E	26.420°N				

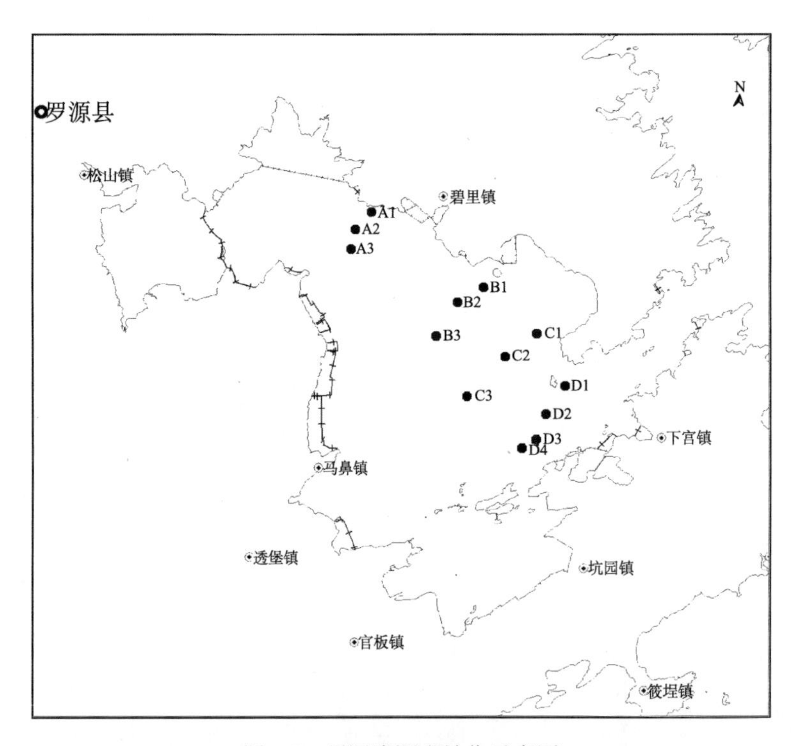

图4-1 罗源湾调查站位示意图

2. 深沪湾调查站位

调查进行了冬季及次年春季两个航次，调查时间分别为 2006 年 1 月及 2006 年 4 月。调查站位见表 4-2 和图 4-2。

表 4-2 深沪湾调查站位表

序号	站名	站位坐标		序号	站名	站位坐标	
1	H01	118.678°E	24.661°N	7	H07	118.659°E	24.666°N
2	H02	118.678°E	24.649°N	8	H08	118.654°E	24.661°N
3	H03	118.678°E	24.638°N	9	H09	118.651°E	24.649°N
4	H04	118.669°E	24.663°N	10	H10	118.653°E	24.641°N
5	H05	118.669°E	24.649°N	11	H11	118.659°E	24.633°N
6	H06	118.669°E	24.635°N				

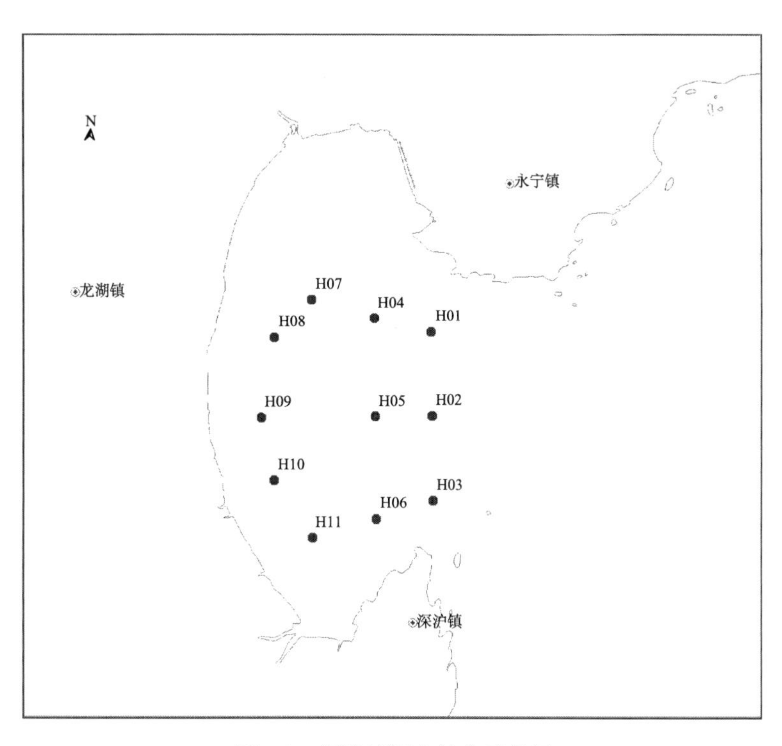

图 4-2 深沪湾调查站位示意图

3. 诏安湾调查站位

调查进行了冬季及次年春季两个航次，调查时间分别为 2005 年 12 月及 2006 年 4 月。调查站位见表 4-3 和图 4-3。

表 4-3　诏安湾调查站位表

序号	站名	站位坐标		序号	站名	站位坐标	
1	ZH01	117.303°E	23.719°N	7	ZH07	117.316°E	23.637°N
2	ZH02	117.332°E	23.709°N	8	ZH08	117.342°E	23.623°N
3	ZH03	117.307°E	23.683°N	9	ZH09	117.268°E	23.614°N
4	ZH04	117.327°E	23.660°N	10	ZH10	117.300°E	23.606°N
5	ZH05	117.362°E	23.648°N	11	ZH11	117.309°E	23.589°N
6	ZH06	117.287°E	23.651°N				

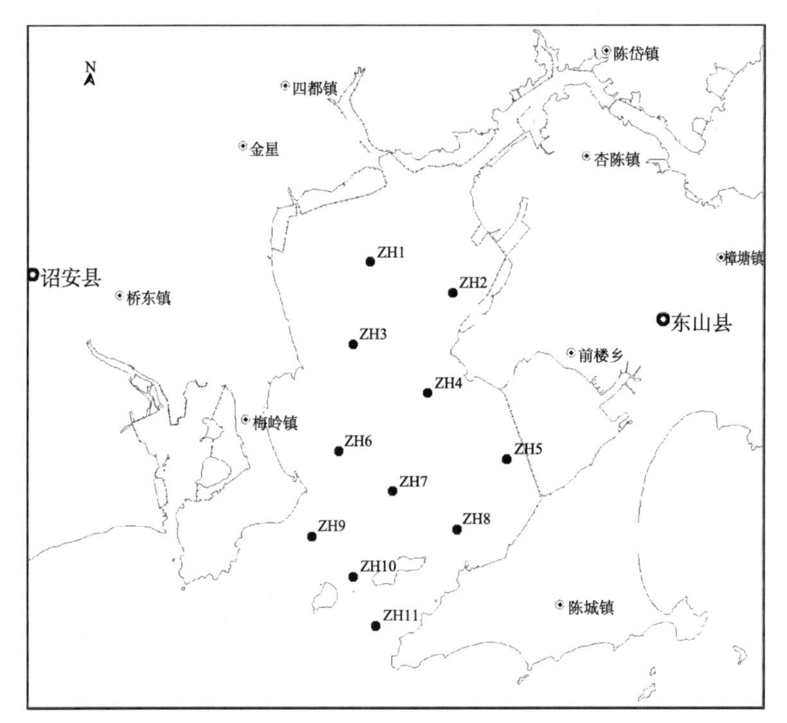

图 4-3　诏安湾调查站位示意图

（三）相关因素调查结果

1. 湾口断面无机氮、磷浓度

罗源湾湾口断面调查站位为 D01 至 D04，无机氮于 2006 年 5 月调查一次，平均浓度为 0.266 毫克/升；活性磷酸盐于 2005 年 9 月和 2006 年 5 月各调查一次，平均浓度分别为 0.022 毫克/升和 0.037 毫克/升，平均值为 0.030 毫克/升（表 4-4、表 4-5）。

表 4-4 200605 航次罗源湾湾口断面无机氮浓度（单位：毫克/升）

站位	表层	5 米	10 米	底层	平均
D01	0.306	0.236	0.182	0.403	0.282
D02	0.191	0.237	0.277	0.518	0.306
D03	0.381	0.263	0.202	0.254	0.275
D04	0.193	0.201	0.192	0.226	0.203
平均值	/	/	/	/	0.266

表 4-5 罗源湾湾口断面无机磷浓度 （单位：毫克/升）

站位	200509 航次				200605 航次			
	表层	中层	底层	平均	表层	中层	底层	平均
D01	0.021	0.017	0.018	0.019	0.047	0.034	0.021	0.034
D02	0.023	0.020	0.016	0.020	0.022	0.069	0.034	0.042
D03	0.029	0.022	0.020	0.024	0.041	0.039	0.027	0.036
D04	0.037	0.020	0.017	0.025	0.037	0.019	0.051	0.036
平均值	/	/	/	0.022	/	/	/	0.037

深沪湾湾口断面调查站位为 H01 至 H03，于 2006 年 1 月和 4 月各调查一次，无机氮平均浓度分别为 0.338 毫克/升和 0.125 毫克/升，平均值为 0.232 毫克/升；活性磷酸盐平均浓度分别为 0.026 毫克/升和 0.010 毫克/升，平均值为 0.018 毫克/升（表 4-6、表 4-7）。

表 4-6 深沪湾湾口断面无机氮浓度 （单位：毫克/升）

站位	200601 航次				200604 航次			
	表层	中层	底层	平均	表层	中层	底层	平均
H01	0.340	/	/	0.340	0.121	/	0.132	0.127
H02	0.326	/	0.329	0.328	0.112	/	0.128	0.120
H03	0.342	/	0.350	0.346	0.140	0.122	0.120	0.127
平均值	/	/	/	0.338	/	/	/	0.125

表 4-7 深沪湾湾口断面无机磷浓度 （单位：毫克/升）

站位	200601 航次				200604 航次			
	表层	中层	底层	平均	表层	中层	底层	平均
H01	0.026	/	/	0.026	0.010	/	0.010	0.010
H02	0.024	/	0.028	0.026	0.012	/	0.010	0.011
H03	0.027	/	0.027	0.027	0.012	0.010	0.009	0.010
平均值	/	/	/	0.026	/	/	/	0.010

诏安湾湾口断面调查站位为 ZH9 至 Z11，于 2005 年 12 月和 2006 年 4 月各调查一次，无机氮平均浓度分别为 0.199 毫克/升和 0.107 毫克/升，平均值为 0.153 毫克/升；活性磷酸盐平均浓度分别为 0.027 毫克/升和 0.011 毫克/升，

平均值为0.019毫克/升（表4-8、表4-9）。

表4-8　诏安湾湾口断面无机氮浓度　（单位：毫克/升）

站位	200512航次			200604航次		
	表层	底层	平均	表层	底层	平均
ZH9	0.206	/	0.206	0.130	/	0.130
ZH10	0.187	0.201	0.194	0.097	0.102	0.100
ZH11	0.197	/	0.197	0.091	/	0.091
平均值	/	/	0.199	/	/	0.107

表4-9　诏安湾湾口断面无机磷浓度　（单位：毫克/升）

站位	200512航次			200604航次		
	表层	底层	平均	表层	底层	平均
ZH9	0.034	/	0.034	0.014	/	0.014
ZH10	0.023	0.024	0.024	0.009	/	0.009
ZH11	0.024	/	0.024	0.011	/	0.011
平均值	/	/	0.027	/	/	0.011

2. *初级生产力*

罗源湾初级生产力于2005年9月和2006年5月各调查一次，调查站位为全部13个站位，平均值分别为604毫克碳/（米^2·天）和564.4毫克碳/（米^2·天），2个航次平均值为584.2毫克碳/（米^2·天）；深沪湾初级生产力于2006年1月和4月各调查一次，调查站位为H04和H06站位，平均值分别为415.4毫克碳/（米^2·天）和461.78毫克碳/（米^2·天），2个航次平均值为438.59毫克碳/（米^2·天）；诏安湾初级生产力于2005年12月和2006年4月各调查一次，调查站位为全部11个站位，平均值分别为136.5毫克碳/（米^2·天）和246.39毫克碳/（米^2·天），2个航次平均值为191.45毫克碳/（米^2·天）（表4-10）。

表4-10　典型港湾的初级生产力

[单位：毫克碳/（米^2·天）]

海湾（航次）	航次1	航次2	平均
罗源湾（200509/200605）	604	564.4	584.2
深沪湾（200601/200604）	415.4	461.78	438.59
诏安湾（200512/200604）	136.5	246.39	191.45

（四）入海污染物调查

罗源湾入海污染物中TN总排放量为5226.92吨/年，主要污染源为水产养殖和径流；TP 总排放量为 636.54 吨/年，以水产养殖、径流和生活污染为主；深沪湾入海污染物中 TN 和 TP 总排放量分别为 1451.52 吨/年和 55.03 吨/年，主要污染源为畜禽养殖；诏安湾入海污染物中 TN 和 TP 分别为 8214.31 吨/年和 1187.24 吨/年，主要污染源为农业和水产养殖（表 4-11）。

表 4-11　入海污染物中氮磷总量　　　　（单位：吨/年）

污染物	罗源湾		深沪湾		诏安湾	
	TN	TP	TN	TP	TN	TP
工业污染	1.33	/	/	/	/	/
生活污染	569.95	113.99	75.6	2.52	600.87	219.31
禽畜养殖	230.57	27.98	1328.4	50.4	82.04	18.62
径流	1016.89	124.66	/	/	/	/
水产养殖	3408.18	369.91	/	/	1702.61	396.05
船舶	/	/	0.144	0.029	/	/
农业污染	/	/	0.57	0.14	5828.79	553.26
渔港污染	/	/	12.96	0.432	/	/
港区污染	/	/	1.62	0.054	/	/
水土流失	/	/	32.23	1.45	/	/
合计	5226.92	636.54	1451.52	55.03	8214.31	1187.24

二、典型港湾海水养殖现状

（一）罗源湾海水养殖现状

2008 年，罗源湾海水养殖面积 9 211 公顷，产量 209 000 吨，其中鱼类 758 公顷、产量 21 112 吨，甲壳类 2518 公顷、产量 8654 吨，贝类 2708 公顷、产量 109 625 吨，藻类 3227 公顷、产量 69 609 吨。主要养殖品种为大黄鱼、眼斑拟石首鱼（美国红鱼）、牡蛎、蛤类、缢蛏、鲍鱼、凡纳滨对虾（南美白对虾）、青蟹、梭子蟹、海带、紫菜、江蓠等。

罗源湾作为典型封闭式港湾，避风条件良好，适宜筏式、网箱、底播、池塘等多种养殖模式。鱼类、甲壳类、藻类的养殖面积和产量均位于 3 个港湾之首。

（二）深沪湾海水养殖现状

2008 年，深沪湾海水养殖面积 958 公顷，养殖产量 37 981 吨，其中鱼类 25

公顷、产量12吨，贝类899公顷、产量37 641吨，藻类34公顷、产量328吨。主要养殖品种为牡蛎、蛤类、紫菜。

深沪湾作为开放式小型港湾，风浪较大，适合于筏式、底播等养殖模式。筏式养殖以牡蛎为主，底播主要为西施舌（海蚌）增殖。

（三）诏安湾海水养殖现状

2008年，诏安湾海水养殖面积6605公顷，养殖产量176 709吨，其中鱼类460公顷、产量4607吨，甲壳类1589公顷、产量1991吨，贝类4219公顷、产量165 270吨，藻类337公顷、产量4841吨。主要养殖品种为大黄鱼、鲈鱼、石斑鱼、牡蛎、蛤类、缢蛏、鲍鱼、贻贝、泥蚶、凡纳滨对虾、斑节对虾、日本囊对虾、青蟹、梭子蟹。

诏安湾作为半封闭式港湾，避风条件较好，水深较浅。适合于筏式、网箱、底播、池塘等多种养殖模式。贝类养殖面积和产量均位于三个港湾之首，筏式养殖主要品种为牡蛎，底播养殖主要品种为波纹巴菲蛤。

以上三个典型港湾海水养殖面积均占所在港湾总面积的30%以上，为湾内主要用海形式，以罗源湾的海水养殖对港湾海域利用率最高（表4-12、表4-13，图4-4～图4-6）。

表4-12　典型港湾2008年海水养殖现状

港湾名称	合计		鱼类		甲壳类		贝类		藻类	
	产量/吨	面积/公顷	产量/吨	面积/公顷	产量/吨	面积/公顷	产量/吨	面积/公顷	产量/吨	面积/公顷
罗源湾	209 000	9 211	21 112	758	8 654	2 518	109 625	2 708	69 609	3 227
深沪湾	37 981	958	12	25	0	0	37 641	899	328	34
诏安湾	176 709	6 605	4 607	460	1 991	1 589	165 270	4 219	4 841	337

资料来源：福建主要港湾海水养殖现状评价报告。

表4-13　典型港湾海水养殖面积占港湾总面积比例

港湾名称	港湾面积/千米^2	海水养殖面积/公顷	养殖面积占港湾比例/%
罗源湾	216.44	9211	42.56
深沪湾	28.52	958	33.59
诏安湾	211.28	6605	31.26

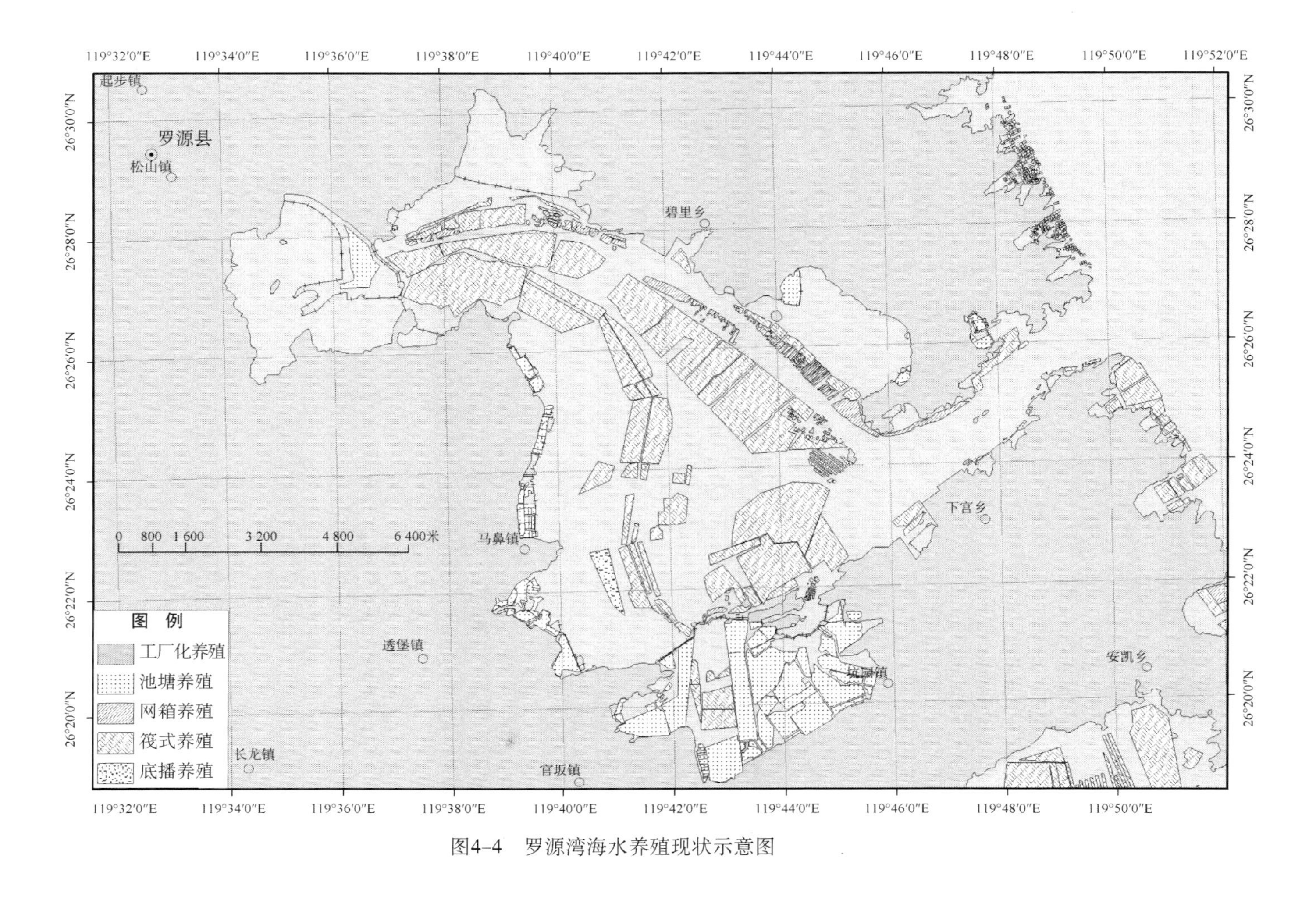

图4-4 罗源湾海水养殖现状示意图

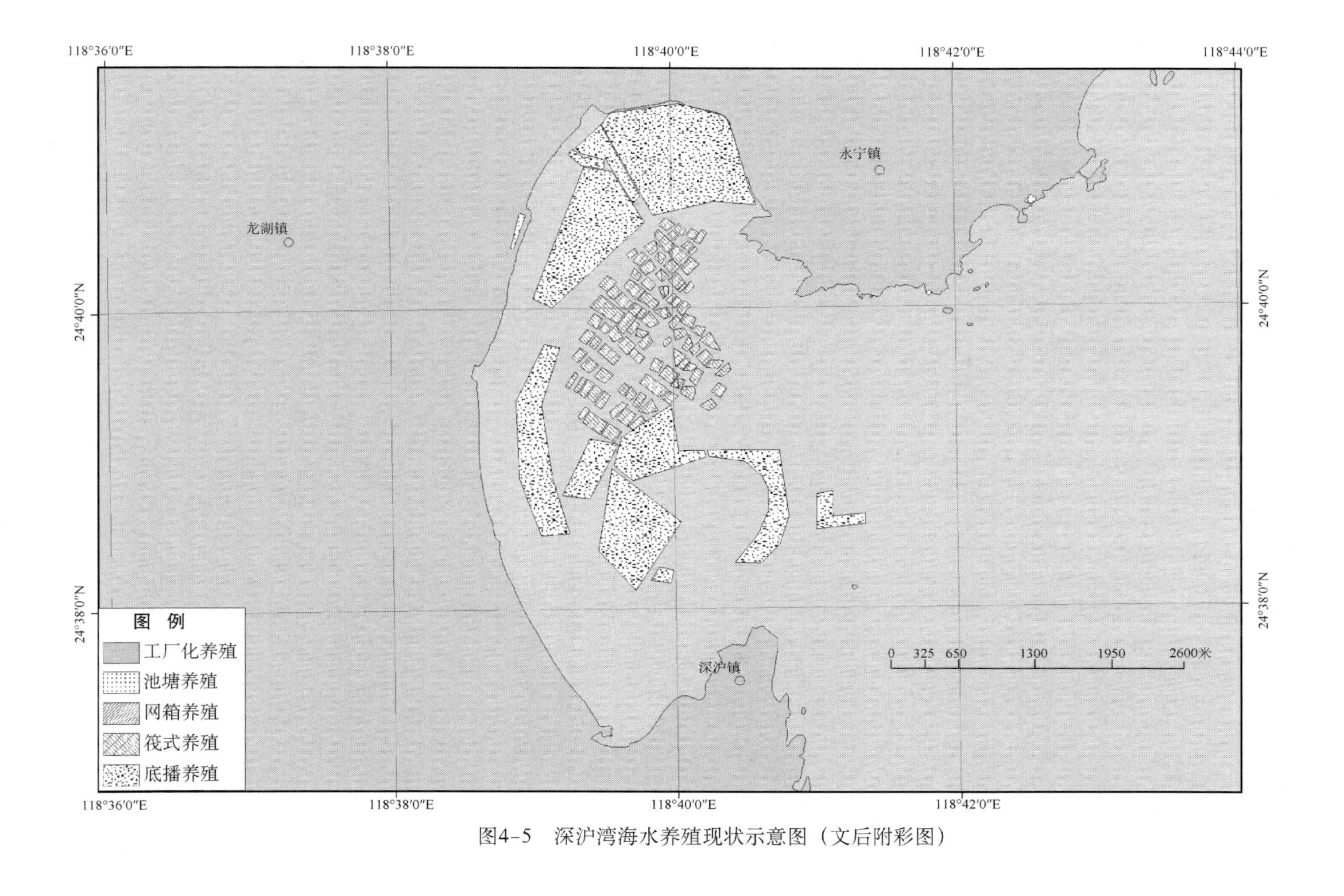

图4-5　深沪湾海水养殖现状示意图（文后附彩图）

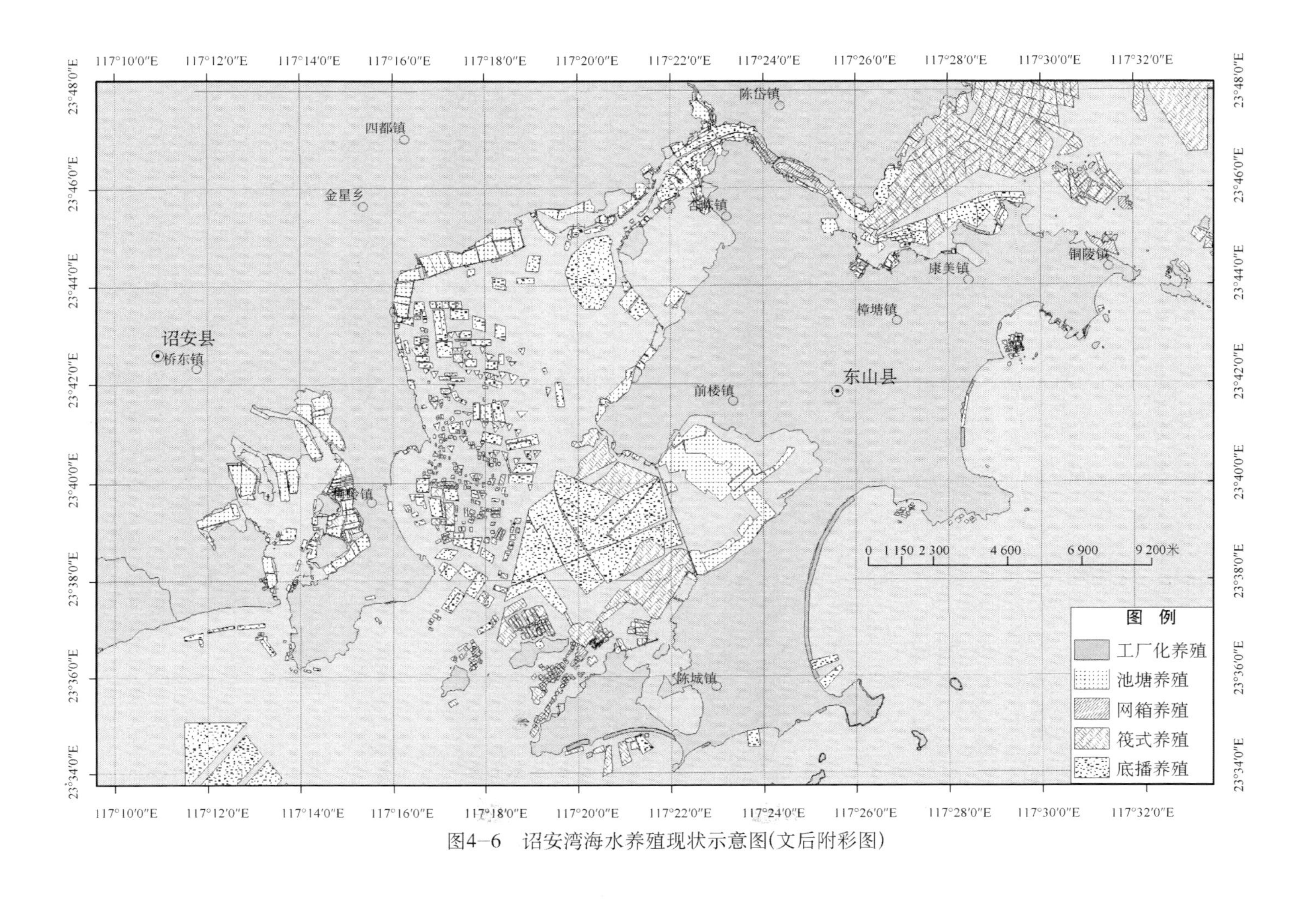

图4-6　诏安湾海水养殖现状示意图(文后附彩图)

第三节　典型港湾海水养殖容量估算

一、滤食性贝类养殖容量估算

（一）滤食性贝类养殖容量评价模型

根据沿岸海域生态系统能流分析模式，初级生产量中有10%的能量或物质转化为滤食性软体动物，即滤食性软体动物年产碳量C=0.1×年初级产碳量。滤食性软体动物年产量以滤食性软体动物年产碳量除以软体动物含碳率求得。再乘上含壳重与鲜组织重之比值，即为含壳重的年生产量。贝类含壳重的年生产量扣除自然现存量即为滤食性贝类养殖容量。

估算的相关因素：海域面积、初级生产力、滤食性软体动物含碳率、含壳重与鲜组织重之比值、滤食性软体动物自然现存量（表4-14）。

表4-14　滤食性贝类养殖容量估算参数

港湾名称	海域面积/（10^6 米^2）	初级生产力/［毫克碳/（米^2·天）］	贝类鲜组织含碳率/%	含壳重与鲜组织重之比值	滤食性软体动物自然现存量/吨
罗源湾	162.62	584.2	5.25	5.93	19 108
深沪湾	27.96	438.59	4.59	4.57	282
诏安湾	159.29	191.45	5.34	5.55	17 210

注：港湾海域面积不包括垦区。

资料来源：1. 陈尚，等. 2008. 福建省海湾围填海规划生态影响评价. 北京：科学出版社. 2. 福建省水产研究所. 2004. 福建主要港湾水产养殖容量研究报告.

（二）滤食性贝类养殖容量估算结果

采用沿岸海域生态系统能流分析模式估算罗源湾、深沪湾和诏安湾的滤食性贝类养殖容量，分别为372 497吨、44 321吨、98 469吨。其中罗源湾单位面积容量最高，达22.91吨/公顷，与其初级生产力较高的情况密切相关；深沪湾次之，单位面积容量为15.85吨/公顷；诏安湾由于初级生产力最低，导致单位面积容量最低，仅为6.18吨/公顷（表4-15）。

表4-15 典型港湾滤食性贝类养殖容量估算结果

港湾名称	滤食性贝类总容量/吨	单位面积容量/（吨/公顷）
罗源湾	372 497	22.91
深沪湾	44 321	15.85
诏安湾	98 469	6.18

二、 大型藻类养殖容量估算

（一）大型藻类养殖容量评价模型

借鉴《福建主要港湾水产养殖容量研究》估算方法，应用无机氮供需平衡法进行福建主要港湾藻类养殖容量估算。同时，考虑到某些港湾磷缺乏，限制了海洋藻类生长总量的事实，也采用无机磷供需平衡法进行估算。无机氮（磷）供需平衡法认为通过海水交换、陆源污染、海水养殖动物排泄、野生海洋动物排泄、海底沉积物释放等途径进入评价海域的无机氮（磷）全部为养殖大型藻类、浮游植物（初级生产力）、野生大型藻类所吸收。

无机氮供需平衡法计算公式为 $N_K=(N_C+N_L+N_S+N_R)-(N_P+N_A)$；$Pr=N_K/K_1$；（无机磷供需平衡法参照本公式）。式中 N_k 为可供养殖藻类（紫菜或海带）吸收的无机氮数量（吨，下同），N_C 为海水交换带入的无机氮数量，N_L 为陆地径流输入的无机氮数量，N_S 为海底沉积物无机氮释放量，N_R 为海洋动物排泄物无机氮含量，N_P 为初级生产者浮游植物生长所吸收的无机氮数量，N_A 为野生大型藻类对无机氮吸收量。以上 N_C、N_L、N_S 和 N_R 四项为无机氮的输入项，N_P 和 N_A 两项为浮游植物、野生藻类对无机氮的吸收。输入量减去吸收量，其得数即为可供养殖紫菜或海带的无机氮数量。

Pr 为藻类（紫菜或海带）的养殖容量，以可供养殖的无机氮（N_K）除以养殖藻类（紫菜或海带）含氮量（K_1）求得。

大型藻类养殖容量估算参数见表4-16、表4-17。

表4-16 大型藻类养殖容量估算参数（1）

港湾名称	平均水深/米	海水半交换期/天	湾口无机氮浓度/（毫克/升）	湾口无机磷浓度/（毫克/升）	入海污染源带入的无机氮总量/（吨/年）	入海污染源带入的无机磷总量/（吨/年）
罗源湾	7.76	10.5	0.266	0.037	5226.92	636.54
深沪湾	4.39	3	0.232	0.018	1451.52	55.03
诏安湾	2.08	4.7	0.153	0.019	8214.31	1187.24

资料来源：陈尚，等．2008．福建省海湾围填海规划生态影响评价．北京：科学出版社．

表4-17 大型藻类养殖容量估算参数（2）

参数	海带生长期/天	紫菜生长期/天	浮游植物氮碳比	淡干海带氮含量/%	淡干海带磷含量/%	淡干紫菜氮含量/%	淡干紫菜磷含量/%
数值	180	90	1∶9.25	1.3421	0.2026	4.5146	0.4245

资料来源：福建省水产研究所．2004．福建主要港湾水产养殖容量研究报告．

（二）大型藻类养殖容量估算结果

采用无机氮和无机磷供需平衡法分别估算罗源湾、深沪湾和诏安湾的海带、紫菜养殖容量，估算的数值取低值作为该港湾的养殖容量。单养海带时，养殖容量分别为483 049吨、75 518吨、402 280吨；单养紫菜时，养殖容量分别为71 789吨、17 903吨、59 784吨。其中罗源湾和诏安湾的无机磷供应较为充足，而无机氮成为藻类生长的限制因子，海带单位面积容量分别为29.71吨/公顷和25.25吨/公顷，紫菜单位面积容量分别为4.42吨/公顷和3.75吨/公顷；深沪湾则相反，无机氮供应较为充足，而无机磷成为藻类生长的限制因子，海带和紫菜的单位面积容量分别为27.01吨/公顷和6.40吨/公顷（表4-18）。

表4-18 典型港湾大型藻类养殖容量估算结果

港湾名称	海带		紫菜	
	总容量/吨	单位面积容量/（吨/公顷）	总容量/吨	单位面积容量/（吨/公顷）
罗源湾	483 049	29.71	71 789	4.42
深沪湾	75 518	27.01	17 903	6.40
诏安湾	402 280	25.25	59 784	3.75

三、 海水养殖容量变动趋势分析

（一）滤食性贝类养殖容量变动趋势分析

1. 变动趋势

与《福建主要港湾水产养殖容量研究报告》估算结果比较，罗源湾、深沪湾和诏安湾的滤食性贝类养殖容量及单位面积容量均有不同程度的增加。深沪湾滤食性贝类养殖容量增加最多，达 300%；罗源湾次之，达 193%；诏安湾最少，仅增加 31.76%。深沪湾滤食性贝类的单位面积容量增加 219%，罗源湾增加 146%，诏安湾仅增加 26.64%（表 4-19）。

表 4-19 典型港湾滤食性贝类养殖容量变动情况

港湾	养殖容量			单位面积容量		
	2004 年估算值/吨	本次估算值/吨	增减/%	2004 年估算值/（吨/公顷）	本次估算值/（吨/公顷）	增减/%
罗源湾	127 321	372 497	193	9.32	22.91	146
深沪湾	11 073	44 321	300	4.97	15.85	219
诏安湾	74 732	98 469	31.76	4.88	6.18	26.64

2. 相关因素分析

《福建主要港湾水产养殖容量研究报告》利用罗源湾（2000 年）和深沪湾、诏安湾（2001 年）的调查数据对养殖容量进行估算时，海域面积的数值采用平均水深时的海域面积，本次采用的数值为浅海和滩涂的面积之和，略大于平均水深时的海域面积，因此整个港湾的养殖容量的估算值相应偏高。同时，海水养殖只占用一部分海域，整个港湾还存在航运及其他用海形式。在此，采用单位面积容量作为衡量港湾海水养殖容量的重要指标。

港湾的初级生产力水平决定滤食性贝类的养殖容量，罗源湾的初级生产力比 2000 年提高 125%，单位面积容量增加 146%；深沪湾的初级生产力比 2001 年提高 213%，单位面积容量增加 219%；诏安湾的初级生产力比 2001 年提高 20.81%，单位面积容量增加 26.64%（表 4-20）。

表 4-20　养殖容量估算所采用的海域面积和初级生产力数值

港湾	估算所采用的海域面积			估算所采用的初级生产力数值		
	2004 年面积/千米²	本次面积/千米²	增减/%	2004 年数值/［毫克碳/(米²·天)］	本次数值/［毫克碳/(米²·天)］	增减/%
罗源湾	136.6	162.62	19.05	260.01	584.2	125
深沪湾	22.3	27.96	25.38	140.18	438.59	213
诏安湾	153.0	159.29	4.11	158.47	191.45	20.81

（二）大型藻类养殖容量变动分析

1. 变动趋势

与《福建主要港湾水产养殖容量研究报告》估算结果比较，罗源湾和诏安湾的大型藻类养殖容量及单位面积容量有所增加，深沪湾有所减少。

诏安湾海带养殖容量增加最多，达 31.86%；罗源湾增加 7.03%；深沪湾减少 13.36%。诏安湾海带的单位面积容量增加 43.55%，罗源湾增加 35.72%，深沪湾减少 19.13%（表 4-21）。

表 4-21　典型港湾海带养殖容量变动情况

港湾	养殖容量			单位面积容量		
	2004 年估算值/吨	本次估算值/吨	增减/%	2004 年估算值/（吨/公顷）	本次估算值/（吨/公顷）	增减/%
罗源湾	451 308	483 049	7.03	21.89	29.71	35.72
深沪湾	87 167	75 518	−13.36	33.40	27.01	−19.13
诏安湾	305 074	402 280	31.86	17.59	25.25	43.55

诏安湾紫菜养殖容量增加最多，达 31.72%；罗源湾增加 7.06%；深沪湾减少 13.93%。诏安湾紫菜的单位面积容量增加 43.13%，罗源湾增加 36.0%，深沪湾减少 19.70%（表 4-22）。

表 4-22　典型港湾紫菜养殖容量变动情况

港湾	养殖容量			单位面积容量		
	2004 年估算值/吨	本次估算值/吨	增减/%	2004 年估算值/（吨/公顷）	本次估算值/（吨/公顷）	增减/%
罗源湾	67 058	71 789	7.06	3.25	4.42	36.0
深沪湾	20 801	17 903	−13.93	7.97	6.40	−19.70
诏安湾	45 386	59 784	31.72	2.62	3.75	43.13

2. 相关因素

大型藻类的养殖容量主要取决于港湾的营养盐供应量水平，并与港湾的初级生产力水平有关。罗源湾的无机氮输入量比 2000 年增加 9.86%，初级生产力提高 1.25 倍，海带单位面积容量增加 36.0%；深沪湾的无机磷输入量比 2001 年减少 19.60%，初级生产力提高 2.13 倍，海带单位面积容量相应减少 19.70%；诏安湾的无机氮输入量比 2001 年增加 16.44%，初级生产力提高 20.81%，海带单位面积容量增加 43.13%（表 4-23）。

表 4-23 海带养殖容量估算所采用的氮（或磷）输入量数值

港湾	海水交换输入的氮（或磷）量/吨		污染源输入的氮（或磷）量/吨		氮（或磷）总输入量/吨		氮（或磷）总输入量增减/%
	2000～2001 年	2005～2006 年	2000～2001 年	2005～2006 年	2000～2001 年	2005～2006 年	
罗源湾（氮）	5529	5753	2054	2578	7583	8331	9.86
深沪湾（磷）	176	133	23	27	199	160	−19.60
诏安湾（氮）	3998	1941	1148	4051	5146	5992	16.44

（三）海水养殖容量总体评价

滤食性贝类养殖容量与评价海域的初级生产力水平呈明显正相关，而初级生产力水平与评价海域的氮磷等营养盐浓度密切相关；大型藻类养殖容量与评价海域的氮磷等营养盐的供应量呈明显正相关。因此，评价海域的氮磷等营养盐的浓度与供应量成为滤食性贝类和大型藻类养殖容量的决定性因素。

罗源湾为封闭型港湾，由于罗源县城大量的生活污水通过起步溪进入湾内，加上海水网箱养殖业和沿岸垦区池塘养殖业的大规模发展，氮磷等营养盐的供应充足，初级生产力水平较高，滤食性贝类和大型藻类养殖容量保持在较高水平，滤食性贝类和海带的单位面积容量居本次评价的 3 个港湾之首。随着氮磷等营养盐的供应量的增长，单位面积容量有所提高。

深沪湾为开放型小港湾，海水交换条件良好，周边没有较大河流，仅有数百口养殖网箱，氮磷等营养盐的供应主要来自海水交换和陆域畜禽养殖，初级生产力水平较高，滤食性贝类和大型藻类养殖容量保持在较高水平。相比之下，磷的供应相对不足，成为大型藻类生长的限制因子，由于磷的供应量减少，大型藻类的单位面积容量有所下降。

诏安湾为半封闭型港湾，水深较浅，周边没有较大河流，网箱养殖主要位于湾顶的八尺门海域，氮磷等营养盐的供应主要来自海水交换、农业生产和水产养殖，营养盐的供应量较少，初级生产力水平较低，滤食性贝类和大型藻类养殖容量保持在较低水平，为本次评价的3个港湾中最低的。随着来自农业生产和水产养殖的氮磷等营养盐供应量的增长，单位面积容量有所提高。

综上所述，典型港湾初级生产力水平呈现上升趋势，滤食性贝类养殖容量随之提高；由于各港湾营养盐供应量互有增减，罗源湾、诏安湾大型藻类养殖容量有所增加，而深沪湾大型藻类养殖容量有所减少。

第四节 其他主要港湾海水养殖容量估算

一、 滤食性贝类养殖容量估算

利用《福建省海湾围填海规划生态影响评价》中的海域面积、初级生产力等数据及《福建主要港湾水产养殖容量研究报告》中的各港湾养殖贝类含壳重与鲜组织重比值、养殖贝类含碳量、非养殖贝类现存量等数据，参照典型港湾贝类养殖容量的评价方法，采用沿岸海域生态系统能流分析模式，评估其他港湾滤食性贝类养殖容量。沙埕港、闽江口、福清湾及海坛海峡和厦门湾的养殖贝类含壳重与鲜组织重比值、养殖贝类含碳量等参数采用各港湾的平均值，但缺乏沙埕港、闽江口和厦门湾的非养殖贝类现存量数据，无法估算滤食性贝类养殖容量，暂且根据港湾初级生产力数值及相邻港湾养殖容量估算值，大体估算单位面积容量（表4-24）。

表4-24 其他主要港湾滤食性贝类养殖容量估算结果

港湾名称	海域面积/千米^2	初级生产力/[毫克碳/(米^2·天)]	含壳重与鲜组织重比值	贝类含碳量/%	非养殖贝类现存量/吨	贝类养殖容量/吨	单位面积容量/(吨/公顷)
沙埕港	75.78	60.17	/	/	/	/	1.60
三沙湾	685.92	87.15	6.001 2	5.357	35 732	159 036	2.32
闽江口	393.18	127.9	/	/	/	/	4.26
福清湾及海坛海峡	379.37	400.55	5.694 7	5.215	2 282	505 639	13.33

续表

港湾名称	海域面积/千米^2	初级生产力/[毫克碳/(米^2·天)]	含壳重与鲜组织重比值	贝类含碳量/%	非养殖贝类现存量/吨	贝类养殖容量/吨	单位面积容量/(吨/公顷)
兴化湾	624.97	266.88	5.879 9	5.740	20 605	573 701	9.18
湄洲湾	457.72	247.94	5.879 7	5.283	20 225	351 965	7.69
泉州湾	165.54	404.44	5.672 8	5.200	8 122	215 882	13.04
厦门湾	1 171.18	181.25	/		/	/	4.80
旧镇湾	64.44	208.98	5.395 5	4.522	5 493	35 703	5.54
东山湾	262.74	191.45	5.339 1	5.190	35 802	142 672	5.43

注：港湾海域面积不包括垦区。

资料来源：1. 陈尚，等．2008. 福建省海湾围填海规划生态影响评价．北京：科学出版社．

2. 福建省水产研究所．2004. 福建主要港湾水产养殖容量研究报告．

二、 大型藻类养殖容量估算

由于缺乏沙埕港、三沙湾、闽江口、福清湾及海坛海峡、兴化湾、湄洲湾、泉州湾、厦门湾、旧镇湾、东山湾等其他10个主要港湾的大型养殖容量评价相关参数的调查资料和数据，而且其中的部分港湾与《福建主要港湾水产养殖容量研究报告》所研究的港湾不一致，该项目大型藻类养殖容量研究的港湾为东吾洋、罗源湾、福清湾及海坛海峡、兴化湾、湄洲湾、大港湾、泉州湾、深沪湾、围头湾、大嶝海域、同安湾、佛昙湾、旧镇湾、东山湾和诏安湾等15个。因此，对于其他港湾大型藻类养殖容量的估算，主要根据典型港湾大型藻类养殖容量的估算结果，结合港湾海域及环境状况，进行推算，结果见表4-25。

表4-25　其他主要港湾大型藻类养殖容量估算结果

港湾名称	海带容量/(吨/公顷)	紫菜容量/(吨/公顷)	备注
沙埕港	29.71	4.42	参考罗源湾
三沙湾	29.71	4.42	参考罗源湾
闽江口	27.01	6.40	参考深沪湾
福清湾及海坛海峡	27.48	4.09	参考罗源湾、诏安湾
兴化湾	28.36	4.26	参考罗源湾、深沪湾
湄洲湾	28.36	4.26	参考罗源湾、深沪湾
泉州湾	28.36	4.26	参考罗源湾、深沪湾
厦门湾	28.36	4.26	参考罗源湾、深沪湾
旧镇湾	27.48	4.09	参考罗源湾、诏安湾
东山湾	27.48	4.09	参考罗源湾、诏安湾

第五节 福建主要港湾海水养殖发展潜力评估

一、 滤食性贝类发展潜力

由于典型港湾初级生产力水平呈现上升趋势，本次滤食性贝类养殖容量估算结果相对于《福建主要港湾水产养殖容量研究报告》的估算值有所提高；深沪湾滤食性贝类的单位面积容量增加 219%，罗源湾增加 146%，诏安湾增加 26.64%，由此可见，典型港湾的滤食性贝类养殖仍具有相当可观发展潜力。尽管目前 3 个典型港湾滤食性贝类养殖面积都较大，但仍可通过改进养殖模式和更新养殖设施，提高产量。

二、 大型藻类发展潜力

由于典型港湾营养盐供应量互有增减，本次大型藻类养殖容量估算结果相对于《福建主要港湾水产养殖容量研究报告》的估算值增减不一。诏安湾海带和紫菜的单位面积容量分别增加 43.55%和 43.13%，罗源湾增加 35.72%和 36.0%，深沪湾减少 19.13%和 19.70%。由此可见，罗源湾和诏安湾的大型藻类养殖仍具有相当可观发展潜力。特别是罗源湾目前藻类养殖主要为海带和江蓠轮养，养殖面积大，产量高，但仍可以通过改进养殖模式和更新养殖设施，提高藻类产量。诏安湾目前藻类养殖很少，可以通过推广江蓠和紫菜养殖，有效利用港湾氮磷营养盐，发挥藻类养殖潜力。深沪湾的藻类养殖目前仅有少量的紫菜，尽管单位面积容量有所减少，但目前藻类养殖不多，仍具有较大的发展潜力，可以通过增加养殖面积，引进江蓠和海带养殖，开展贝、藻套养，充分利用湾内海域资源。

三、 海水养殖区域布局调整建议

根据海水养殖容量的评价成果，在符合海洋功能区划的前提条件下，湾内的海水养殖应采取相应的优化措施，对养殖区域、规模、密度、品种进行合理调整和配置，以充分利用港湾海域资源。对于海水养殖密集区域，应进行规范化整治和改造，缩减养殖规模，加大间距，合理搭配不同营养层次的养殖品种，避免单一种类的大面积密集养殖，以改善养殖环境及海域水体交换条件。对于其他适宜发展海水养殖而且密集程度较小的海域，应进行合理规划，避免无序发展；对于目前不适宜传统养殖的海域，可采用新型养殖设施和适宜品种，以合理方式进行利用。

目前福建海水养殖主要集中在湾内海域，由于湾外海域的养殖适宜性较差、养殖设施抗风浪能力不足、管理不便等原因，加之养殖技术的发展滞后于湾外养殖的现实需要，海水养殖向湾外转移进展缓慢。随着沿海经济的高速发展，航运、港口、临海工业、滨海旅游、城镇建设等其他涉海行业用海需求日益高涨，针对湾内海水养殖与其他行业用海矛盾逐渐显现和加剧的现状，应着力发展适应湾外浪大流急等较为恶劣条件的新型养殖装备，开发与之相适应的养殖模式和养殖品种，开拓湾外养殖空间，承接湾内养殖向湾外转移。

第五章

福建新型潜在海水养殖区选划

第一节 选划海域

根据福建省沿海行政区域以及海岸带和港湾海域特征，将全省备选海域分为 5 个主要海域（图 5-1）。

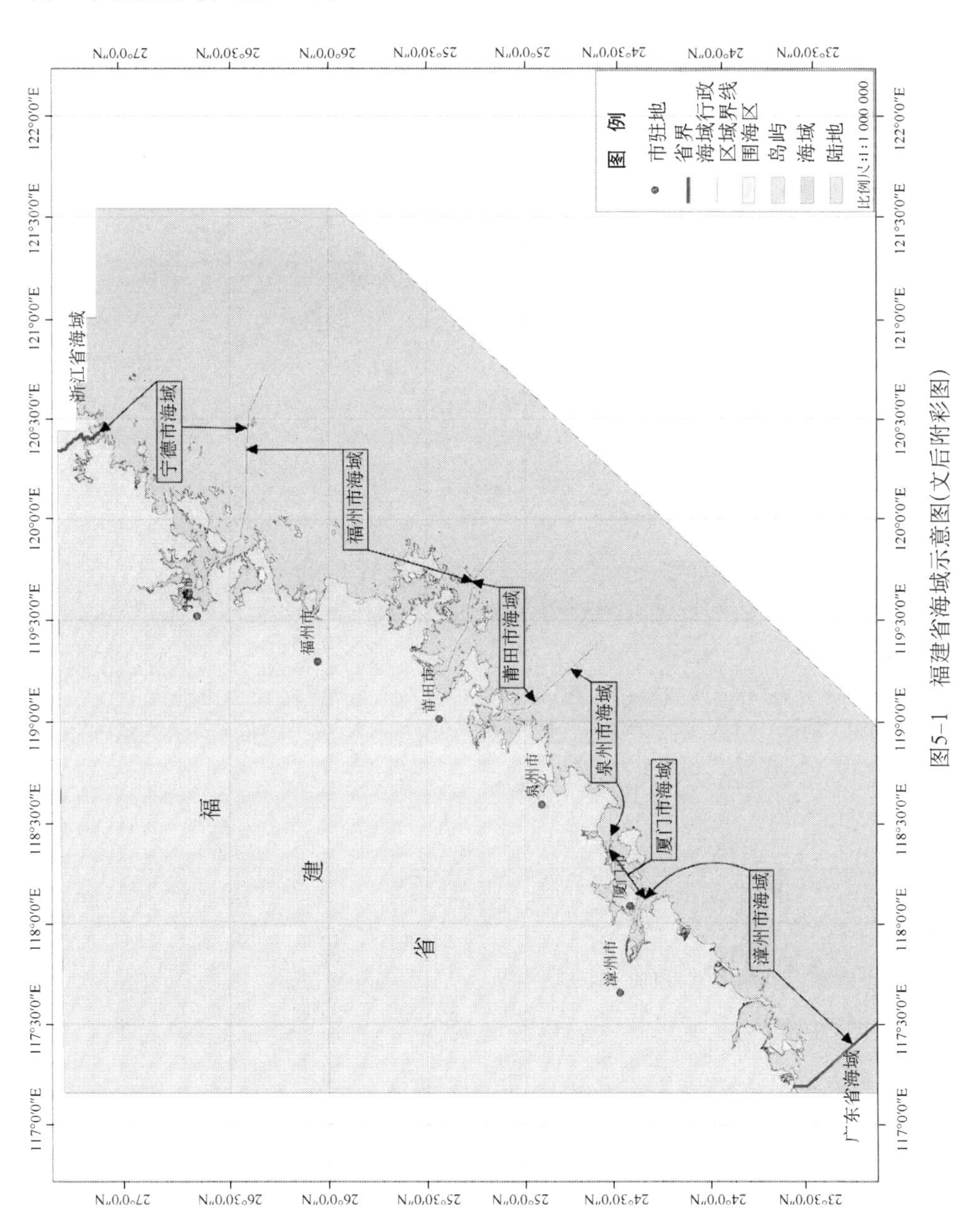

图5-1 福建省海域示意图(文后附彩图)

一、 宁德市海域

本区海岸线北起福建省与浙江省交界点，南至宁德福州临时交界点（26°32′14.04″N，119°48′23.89″E）。包括福鼎、霞浦、福安、蕉城等县（市、区）。主要港湾有沙埕港和三沙湾，海岸类型多为泥质海岸，海岸线曲折，泥质潮滩广泛发育，潮间带平直，滩涂宽度（最高潮线与最低潮线之间距离）常有数千米之长。我国大黄鱼保护区位于宁德海域，宁德海域还是我国大黄鱼主产区。主要养殖产品有大黄鱼、眼斑拟石首鱼、鲈鱼、鲷科鱼类、缢蛏、牡蛎、对虾、青蟹、鲍鱼、海参、紫菜、海带等。

二、 福州市海域

本区海岸线北起宁德福州临时交界点（26°32′14.04″N，119°48′23.89″E），南至福州莆田交界点（25°28′20.96″N，119°12′58.84″E）。包括罗源、连江、马尾、长乐、福清和平潭等县（市、区）。主要港湾有罗源湾、闽江口、福清湾及海坛海峡和兴化湾。除平潭外，本区海岸类型多为泥质海岸。主要的养殖产品有大黄鱼、眼斑拟石首鱼、鲈鱼、鲷科鱼类、花蛤、梭子蟹、青蟹、海带、紫菜、对虾、鲍鱼、海参等。

三、 莆田市海域

本区海岸线北起莆田福州交界点（25°28′20.96″N，119°12′58.84″E），南至莆田泉州交界点（25°14′40.40″，118°52′13.21″）。包括涵江、城厢、荔城、秀屿和仙游等县（区），主要港湾是兴化湾和湄洲湾。主要养殖产品有鲈鱼、鲷科鱼类、大黄鱼、眼斑拟石首鱼、花蛤、牡蛎、缢蛏、对虾、紫菜、江蓠、鲍鱼、青蟹等。

四、泉州市海域

本区海岸线北起泉州莆田交界点（25°14′40.40″N，118°52′13.21″E），南至泉州厦门交界点（24°34′56.66″N，118°20′56.21″E）。包括泉港、惠安、洛江、丰泽、石狮、晋江、南安等县（市、区）。主要港湾有湄洲湾、泉州湾、深沪湾和围头湾。主要养殖产品有鲈鱼、鲷科鱼类、眼斑拟石首鱼、牡蛎、花蛤、缢蛏、紫菜、鲍鱼、对虾、青蟹等。

五、漳州市海域

本区海岸线北起漳州厦门交界点（24°27′59.70″N，117°56′08.52″E），南至福建广东交界点。包括龙海、漳浦、云霄、东山和诏安等县市。主要港湾有九龙江口、佛坛湾、旧镇湾、东山湾和诏安湾。海岸线曲折，港湾众多；岸线底质类型多样，有泥、泥沙、沙和岩礁。主要养殖产品有鲈鱼、鲷科鱼类、石斑鱼、牙鲆、牡蛎、鲍鱼、对虾、泥蚶、青蟹、翡翠贻贝、花蛤等。

第二节　选划海域环境状况

据福建省908专项海洋化学调查，范围为领海基线以内福建管辖海域，其中包括国家908专项重点调查海区。该调查共布设71个站位（均位于湾口以外海域），其中沿岸海区8个，厦门近岸重点海区27个，闽江口近岸重点海区36个。调查结果表明：福建近岸海域表层海水中的油类和重金属（铜、铅、锌、铬、镉、汞、砷）含量均符合《海水水质标准》（GB 3097—1997）第一类标准；多数站位总无机氮平均数值和磷酸盐数值超过一类海水水质标准值，但符合海水水质二至三类标准数值。所有调查站位水质良好，符合《渔业水质标准》

(GB 11607—89)。

据“福建省海湾数模与环境研究”项目系列专著之《福建省海湾围填海规划环境化学与环境容量影响评价》(余兴光等，2008)，福建13个主要港湾大部分海湾的沉积物质量评价因子中，超一类海洋沉积物质量标准的主要因子为有机碳、硫化物、石油类、铜、铅、锌、汞等。在13个主要港湾海水质量评价因子中，超二类海水水质标准的主要因子为石油类以及部分重金属；在大部分海湾均有部分站位的石油类含量超二类标准；在闽江口、福清湾以及海坛海峡、泉州湾、深沪湾、厦门湾和旧镇湾部分站位，重金属指标中汞、铅、锌和铜超标，其中，尤以汞含量超标现象较为突出。一方面超标因子相对较多，另一方面，超标因子的污染效应或毒害相应比较强。

考虑到福建主要港湾内和湾外近海的水质条件、目前港湾内海水养殖业的高度开发，以及未来经济发展和临港产业的用海需要和影响，本次选划的潜在海水养殖区主要在湾外。厦门市因经济发展需要，近海养殖业已逐渐退出，所以也不列入本次选划范围。

第三节　新型潜在养殖区域分区选划

一、宁德市海域潜在养殖区选划

(一) 福鼎冬瓜屿海域潜在筏式养殖区

1. 小白露浅海筏式养殖区

选划面积591公顷，地理位置为以下4点连线海域：①120°25′24.9″E、27°07′502″N；②120°26′30.9″E、27°07′58.7″N；③120°26′52.5″E、27°06′15.7″N；④120°25′47.0″E、27°06′07.2″N (图5-2)。

2. 大白露浅海筏式养殖区

选划面积 272 公顷，地理位置为以下 4 点连线海域：①120°23′51.9″E、27°06′30.9″N；②120°23′51.9″E、27°07′05.4″N；③120°25′25.1″E、27°07′05.4″N；④120°25′25.1″E、27°06′30.9″N（图 5-2）。

3. 上黄岐浅海筏式养殖区

选划面积 367 公顷，地理位置为以下 4 点连线海域：①120°23′33.0″E、27°05′09.0″N；②120°24′50.0″E、27°05′52.6″N；③120°25′14.3″E、27°05′10.2″N；④120°23′57.3″E、27°04′26.6″N（图 5-2）。

（1）环境条件：海域水深 2～10 米，沉积物为软泥。表层海水 pH8.26，盐度 26.36，悬浮物含量 19.6 毫克/升，溶解氧 6.85 毫克/升，化学需氧量（COD）0.64 毫克/升，砷 2.40×10^{-3} 毫克/升，总汞 3.00×10^{-5} 毫克/升，铜 1.50×10^{-3} 毫克/升，铅 3.80×10^{-3} 毫克/升，镉 1.00×10^{-4} 毫克/升，锌 5.40×10^{-2} 毫克/升。本海区水质符合渔业水质标准，适合海水养殖要求。

（2）生态环境适宜性：本潜在养殖区属近岸开放性海域，海水水质良好，可利用抗风浪的新型设施，开发藻类、贝类的筏式养殖。

（3）适宜养殖种类：鲍鱼、海参、牡蛎、紫菜、海带。

（二）福鼎晴川湾海域潜在筏式养殖区

1. 晴川湾浅海筏式养殖区

选划面积 1724 公顷，地理位置为以下 4 点连线海域：①120°19′26.4″E、27°05′27.2″N；②120°21′27.7″E、27°05′06.6″N；③120°18′39.2″E、27°02′25.3″N；④120°17′23. 8″E、27°03′46.5″N（图 5-2）。

2. 青屿仔浅海筏式养殖区

选划面积 771 公顷，地理位置为以下 4 点连线海域：①120°17′39.5″E、26°59′32.8″N；②120°16′25.8″E、26°59′24.8″N；③120°16′12.6″E、27°01′26.5″N；④120°17′26.3″E、27°01′34.5″N（图 5-2）。

（1）环境条件：海域水深 2～10 米，沉积物为软泥。表层海水 pH 8.17，盐度 24.52，悬浮物含量 227.6 毫克/升，溶解氧 6.44 毫克/升，COD 1.24 毫克/升，非离子氨 2.66×10^{-3} 毫克/升，石油类 0.024 毫克/升，砷 2.50×10^{-3} 毫克/升，总汞 2.80×10^{-5} 毫克/升，铜 1.40×10^{-3} 毫克/升，铅 7.50×10^{-3} 毫克/升，镉 9.90×10^{-5} 毫克/升，锌 7.50×10^{-3} 毫克/升。本海区水质符合渔业水质标准，适合海水养殖要求。

（2）生态环境适宜性：本潜在养殖区属近岸开放性海域，海水水质良好，营养盐丰富，可利用抗风浪的新型设施，开发藻类、贝类的筏式养殖。

（3）适宜养殖种类：鲍鱼、海参、牡蛎、紫菜、海带。

（三）福鼎大嵛山西北海域潜在网箱养殖区

1. 小嵛山岛浅海网箱养殖区

选划面积 683 公顷，地理位置为以下 4 点连线海域：①120°18′41.6″E、26°57′02.8″N；②120°16′57.3″E、26°56′22.8″N；③120°15′57.4″E、26°57′16.9″N；④120°17′41.7″E、26°57′56.8″N（图 5-2）。

2. 大嵛山岛浅海网箱养殖区

选划面积 1276 公顷，地理位置为以下 4 点连线海域：①120°21′40.8″E、26°59′03.2″N；②120°18′41.9″E、26°57′55. 6″N；③120°18′14. 2″E、26°59′09.0″N；④120°21′13.1″E、27°00′16. 6″N（图 5-2）。

（1）环境条件：海域水深 10～20 米，沉积物为泥。表层海水 pH 8.05～8.17，悬浮物 10.9～84.0 毫克/升，溶解氧 8.07～8.64 毫克/升，无机氮 0.04～0.51 毫克/升，活性磷酸盐 0.010～0.045 毫克/升。该海区水质符合渔业水质标准，适合海水养殖要求。

（2）生物资源条件：表层海水中叶绿素 a 浓度 1.16×10^{-2} 毫克/升，脱镁叶绿素 a 浓度 2.57×10^{-3} 毫克/升。夏季浮游植物出现 27 种，密度 4.64×10^{6} 个细胞/升，优势种是中肋骨条藻（*Skeletonema costatum*）、柔弱伪菱形藻（*Pseudonitzschia delicatissima*）、亚伦海链藻（*Thalassiosira allenii*）、旋链角毛藻（*Chaetoceros curvisetus*）等。夏季浮游动物出现 29 种，密度 55.83 个/$米^3$，优势种中华假磷虾（*Pseudeuphausia sinica*）、精致真刺水蚤（*Euchaeta concinna*）、齿形海萤（*Cypridina dentata*）等。底栖生物出现 26 种，密度 130 个/$米^2$，

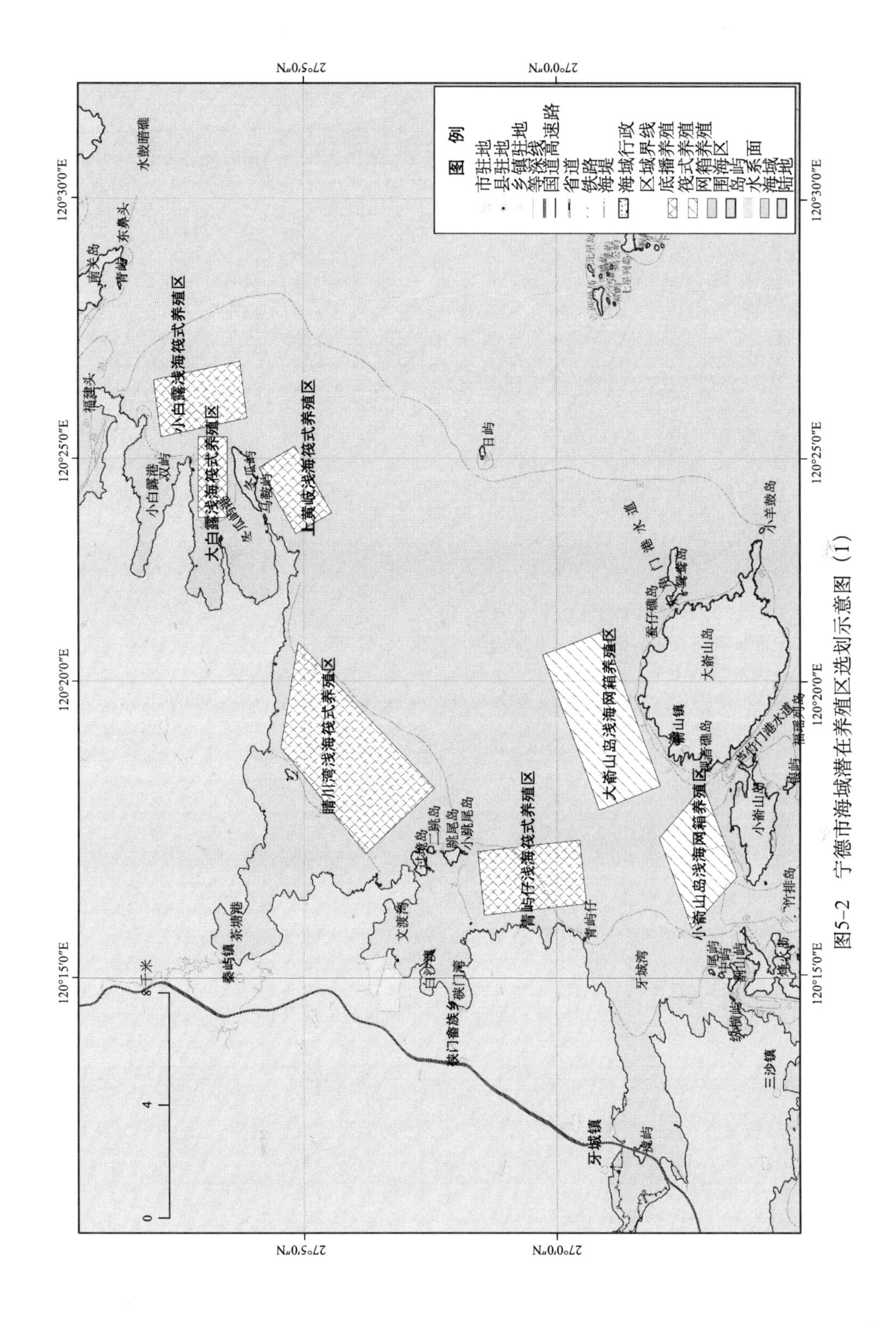

图5-2 宁德市海域潜在养殖区选划示意图（1）

生物量 2.60 克/米²，优势种中蚓虫（*Mediomastus sp.*）、刚鳃虫（*Chaetozone sp.*）、双鳃内卷齿蚕（*Aglaophamus dibranchis*）等。

（3）生态环境适宜性：本潜在网箱养殖区属近岸开放性海域，海水水质良好，水深条件较好，可依托岛礁，可利用抗风浪的新型设施，开发鱼类、鲍鱼的网箱养殖。

（4）适宜养殖种类：大黄鱼、真鲷、黑鲷、青石斑鱼、黄姑鱼、鲍鱼、海参。

（四）福宁湾潜在筏式养殖区

1. 福宁湾浅海筏式养殖区（1）

选划面积 1039 公顷，地理位置为以下 4 点连线海域：①120°09′30.7″E、26°53′16.2″N；②120°09′29.8″E、26°54′41.6″N；③120°12′09.8″E、26°54′41.4″N；④120°12′05.7″E、26°53′59.4″N（图 5-3）。

2. 福宁湾浅海筏式养殖区（2）

选划面积 992 公顷，地理位置为以下 4 点连线海域：①120°09′30.7″E、26°53′05.4″N；②120°11′14.5″E、26°53′05.4″N；③120°11′45.5″E、26°52′32.9″N；④120°12′40.8″E、26°52′32.9″N（图 5-3）。

3. 福宁湾浅海筏式养殖区（3）

选划面积 1228 公顷，地理位置为以下 4 点连线海域：①120°08′00.5″E、26°51′37.9″N；②120°11′22.6″E、26°51′37.9″N；③120°11′45.7″E、26°50′25.8072″N；④120°08′23.4″E、26°50′27.1″N（图 5-3）。

4. 福宁湾浅海筏式养殖区（4）

选划面积 914 公顷，地理位置为以下 4 点连线海域：①120°09′09.2″E、26°48′50.9″N；②120°06′58.4″E、26°48′06.5″N；③120°06′28.8″E、26°49′18.5″N；④120°08′39.3″E、26°50′03.0″N（图 5-3）。

5. 长表岛浅海筏式养殖区

选划面积 1391 公顷，地理位置为以下 4 点连线海域：①120°09′03.8″E、26°49′58.1″N；②120°11′15.8″E、26°50′13.7″N；③120°11′18.5″E、26°47′44.9″N；④120°10′03.1″E、26°47′23.3″N（图 5-3）。

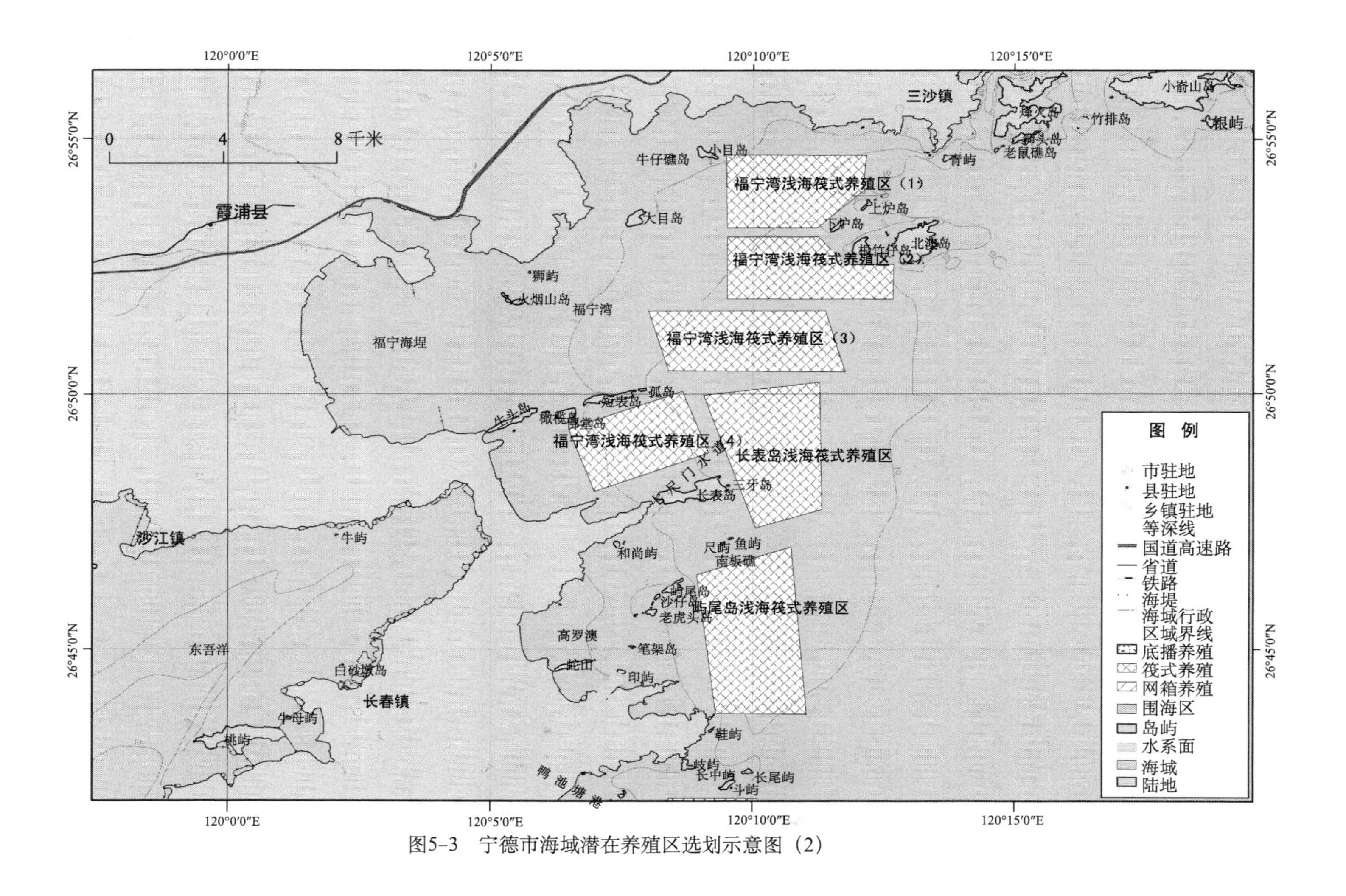

图5-3　宁德市海域潜在养殖区选划示意图（2）

6. 屿尾岛浅海筏式养殖区

选划面积 1673 公顷，地理位置为以下 4 点连线海域：①120°10′43.5″E、26°47′01.7″N；②120°11′01.3″E、26°43′42.2″N；③120°09′17.7″E、26°43′43.0″N；④120°08′55.7″E、26°46′29.3″N（图 5-3）。

（1）环境条件：海域水深 5～10 米，沉积物为软泥。表层海水 pH 8.11～8.13，悬浮物含量 8.5～109.3 毫克/升，溶解氧 5.90～8.38 毫克/升，无机氮 0.06～0.50 毫克/升，活性磷酸盐 0.017～0.041 毫克/升。该海域沉积物的 Eh（氧化还原电位）142.4 毫伏，硫化物含量 45.3 毫克/千克，有机质 1.30%，总氮 0.686%，总磷 0.0321%，油类 34.6 毫克/千克，汞 0.057 毫克/千克，铜 26.2 毫克/千克，铅 15.3 毫克/千克，锌 140 毫克/千克，镉 0.053 毫克/千克，铬 13.0 毫克/千克，砷 13.7 毫克/千克。本海区水质符合渔业水质标准。沉积物符合《海洋沉积物质量标准》(GB 18668—2002) 第一类标准，适合海水养殖要求。

（2）生物资源条件：夏季表层海水中叶绿素 a 浓度 1.49×10^{-3}毫克/升，脱镁叶绿素 a 浓度 8.4×10^{-4}毫克/升；夏季浮游植物出现 18 种，密度 126 000 个细胞/升，优势种是中肋骨条藻、柔弱伪菱形藻、优美菱形藻（*Nitzschia delicatissima*）等。夏季浮游动物出现 42 种，密度 202.08 个/米^3，优势种齿形海萤、精致真刺水蚤、肥胖箭虫（*Sagitta enflata*）等。夏季底栖生物出现 20 种，密度 270 个/米^2，生物量 1.60 克/米^2，优势种中蚓虫、背蚓虫（*Notomastus* sp.）、塞切尔泥钩虾（*Eriopisella sechellensis*）等。

（3）生态环境适宜性：本潜在养殖区属近岸开放性海域，海水水质良好，营养盐丰富，浮游植物密度较高，可利用抗风浪的新型设施，开发藻类、贝类的筏式养殖。

（4）适宜养殖种类：鲍鱼、海参、牡蛎、紫菜、海带。

（五）大京海域潜在筏式养殖区

1. 笔架山浅海筏式养殖区

选划面积 495 公顷，地理位置为以下 5 点连线海域：①120°08′23.3″E、26°42′00.9″N；②120°10′05.4″E、26°42′00.8″N；③120°10′05.4″E、26°41′42.5″N；④120°08′55.6″E、26°40′43.8″N；⑤120°08′23.3″E、26°40′44.2″N（图 5-4）。

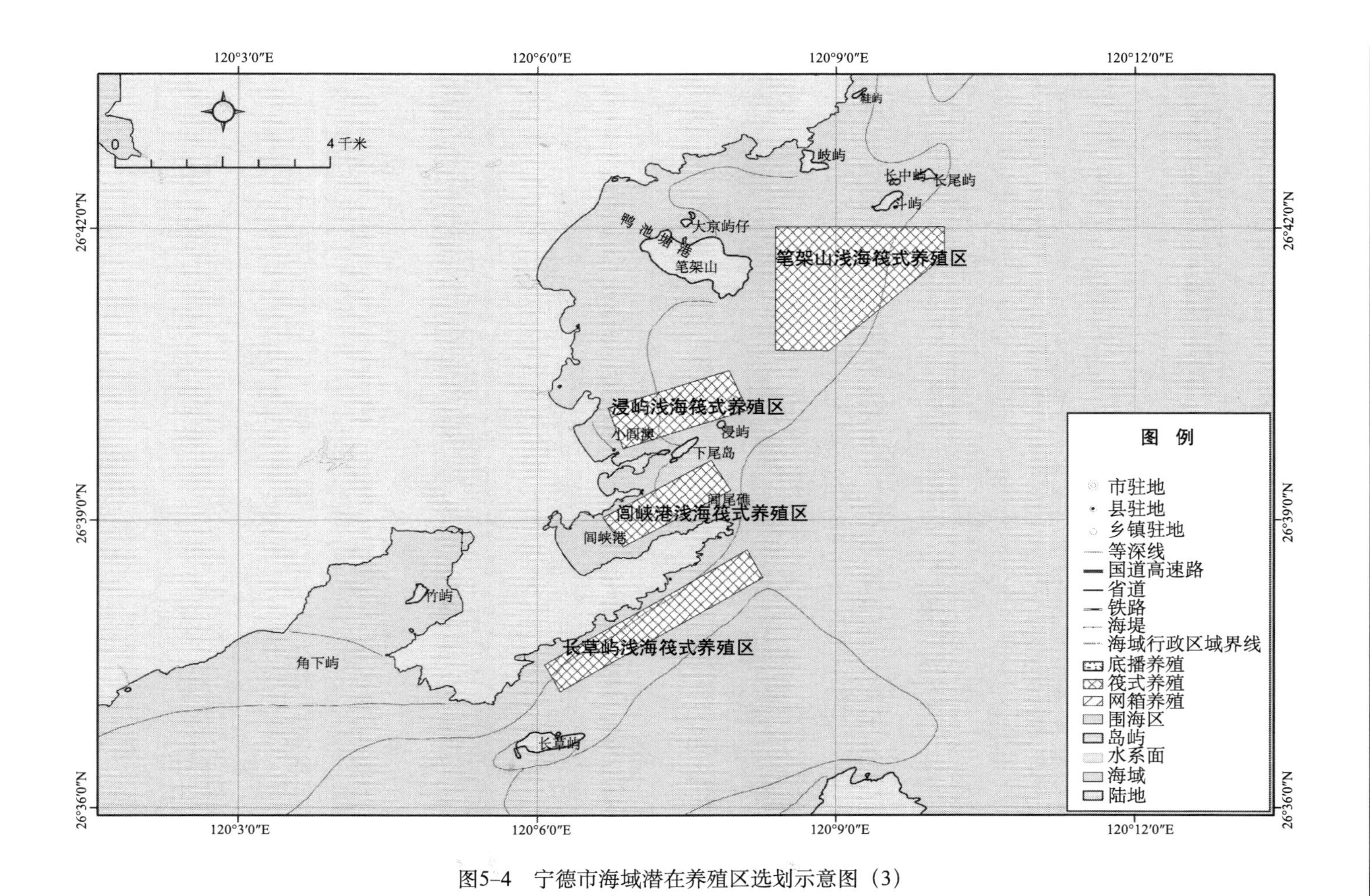

图5-4　宁德市海域潜在养殖区选划示意图（3）

2. 浸屿浅海筏式养殖区

选划面积 176 公顷，地理位置为以下 4 点连线海域：①120°06′42.7″E、26°40′08.5″N；②120°07′55.7″E、26°40′31.6″N；③120°08′06.7″E、26°40′07.1″N；④120°06′51.9″E、26°39′43.5″N（图 5-4）。

3. 闾峡港浅海筏式养殖区

选划面积 137 公顷，地理位置为以下 4 点连线海域：①120°07′44.8″E、26°39′36.5″N；②120°07′56.6″E、26°39′18.36″N；③120°06′51.9″E、26°38′43.5″N；④120°06′39.8″E、26°39′01. 8″N（图 5-4）。

4. 长草屿浅海筏式养殖区

选划面积 234 公顷，地理位置为以下 4 点连线海域：①120°06′04.6″E、26°37′30.1″N；②120°08′06.5″E、26°38′41.3″N；③120°08′16.0″E、26°38′24.4″N；④120°06′14.0″E、26°37′13.0″N（图 5-4）。

（1）环境条件：海域水深 5～10 米，沉积物为泥。表层海水 pH 8.11～8.21，悬浮物含量 5.1～23.0 毫克/升，溶解氧 7.06～8.51 毫克/升，无机氮 0.03～0.36 毫克/升，活性磷酸盐 0.005～0.032 毫克/升。本海区水质符合渔业水质标准，适合海水养殖要求。

（2）生物资源条件：夏季表层海水中叶绿素 a 浓度 1.04×10^{-2}毫克/升，脱镁叶绿素 a 浓度 1.03×10^{-3}毫克/升。夏季浮游植物共采集到 18 种，密度 2.87×10^{6} 个细胞/升，优势种为中肋骨条藻、柔弱伪菱形藻等。夏季浮游动物出现 38 种，密度 244.22 个/$米^3$，优势种齿形海萤、伯氏平头水蚤（*Candacia bradyi*）、精致真刺水蚤等。底栖生物出现 7 种，密度 125 个/$米^2$，生物量 55.2 克/$米^2$，优势种塞切尔泥钩虾、棘刺锚参（*Protankyra bidentata*）等。

（3）生态环境适宜性：本潜在养殖区属近岸开放性海域，海水水质良好，营养盐丰富，浮游植物密度较高，可利用抗风浪的新型设施，开发藻类、贝类的筏式养殖。

（4）适宜养殖种类：鲍鱼、海参、牡蛎、紫菜、海带。

（六）浮鹰岛海域潜在网箱养殖区

1. 浮鹰岛浅海筏式养殖区

选划面积 295 公顷，地理位置为以下 4 点连线海域：①120°07′23.2″E、26°32′09.7″N；②120°06′25.4″E、26°33′07.7″N；③120°06′57.8″E、26°33′35.1″N；④120°07′55.4″E、26°32′37.0″N（图 5-5）。

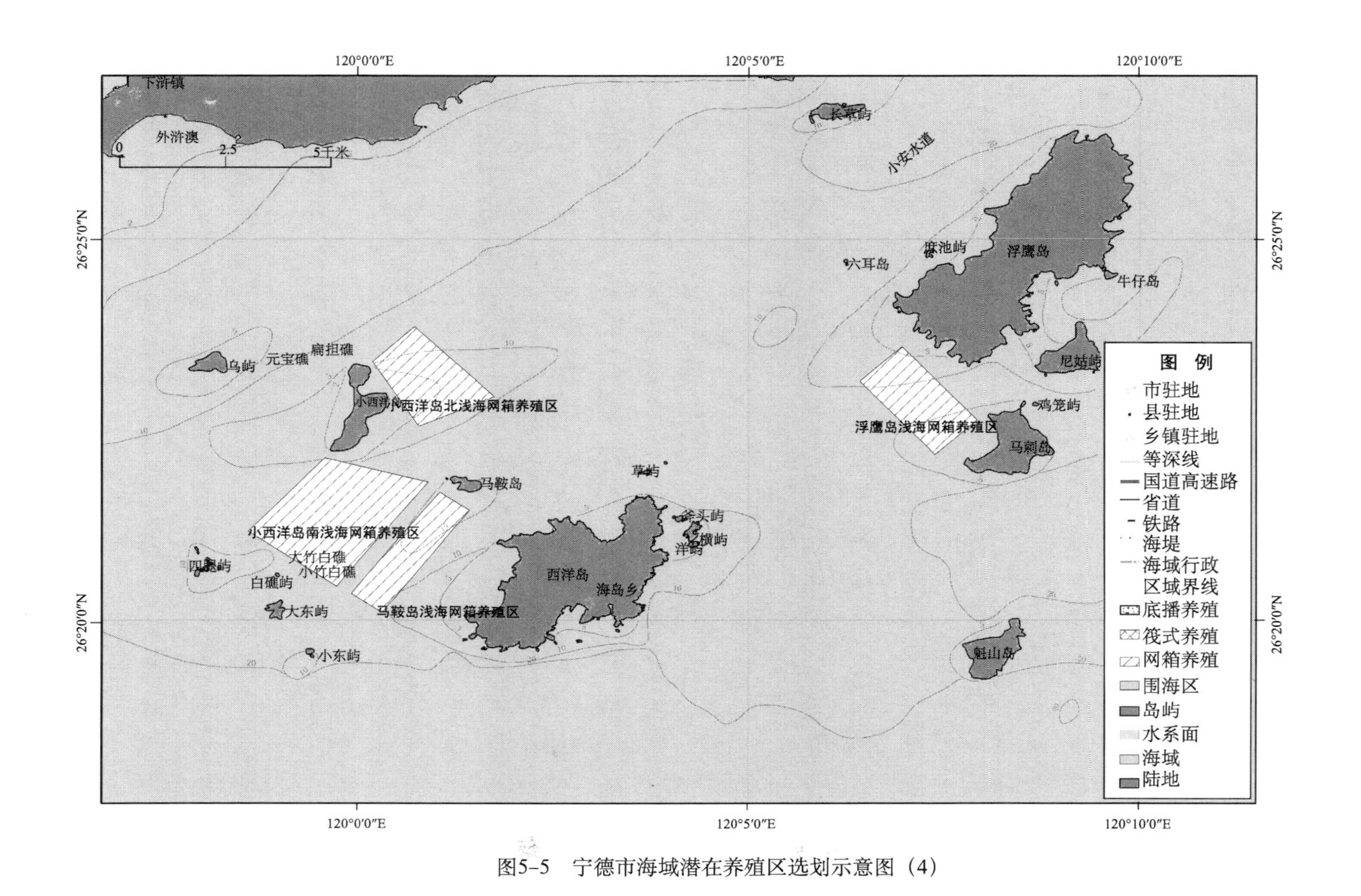

图5-5　宁德市海域潜在养殖区选划示意图（4）

2. 小西洋岛南浅海网箱养殖区

选划面积 605 公顷，地理位置为以下 4 点连线海域：①119°59′35.1″E、26°32′07.0″N；②120°00′54.3″E、26°31′48.1″N；③119°59′44.1″E、26°30′26.6″N；④119°58′36.6″E、26°31′09.1″N（图 5-5）。

3. 马鞍岛浅海网箱养殖区

选划面积 242 公顷，地理位置为以下 4 点连线海域：①120°01′03.2″E、26°31′40.2″N；②120°01′26.2″E、26°31′25.8″N；③120°00′19.0″E、26°30′06.2″N；④119°59′55.5″E、26°30′21.1″N（图 5-5）。

4. 小西洋岛北浅海网箱养殖区

选划面积 311 公顷，地理位置为以下 4 点连线海域：①120°00′11.8″E、26°33′23.1″N；②120°00′43.8″E、26°33′51.0″N；③120°01′45.2″E、26°32′55.6″N；④120°00′47.1″E、26°32′32.1″N（图 5-5）。

（1）环境条件：海域水深 5～20 米，沉积物为泥。表层海水 pH 8.08～8.15，悬浮物含量 6.2～112.0 毫克/升，溶解氧 5.81～8.24 毫克/升，无机氮 0.13～0.47 毫克/升，活性磷酸盐 0.016～0.045 毫克/升。该海域沉积物的 Eh 345.8 毫伏，硫化物含量 59.4 毫克/千克，有机质 1.35%，总氮 0.660%，总磷 0.0340%，油类 23.6 毫克/千克，汞 0.054 毫克/千克，铜 31.4 毫克/千克，铅 15.5 毫克/千克，锌 122 毫克/千克，镉 0.0476 毫克/千克，铬 15.5 毫克/千克，砷 11.3 毫克/千克。本海区水质符合渔业水质标准，沉积物符合海洋沉积物质量一类标准，适合海水养殖要求。

（2）生物资源条件：夏季浮游植物出现 19 种，密度 1.65×10^5 个细胞/升，优势种中肋骨条藻、柔弱伪菱形藻、旋链角毛藻等。夏季浮游动物出现 42 种，密度 97.50 个/$米^3$，优势种齿形海萤、真刺水蚤幼体（*Euchaeta larva*）、肥胖箭虫等。底栖生物出现 32 种，主要种类有塞切尔泥钩虾、不倒翁虫（*Sternaspis scutata*）等。夏季初级生产力的调查结果是，在 23 米水层，相对光强1%～100%条件下，初级生产力为 1.17～12.81 毫克/（$米^3$·小时）。

（3）生态环境适宜性：本潜在养殖区属近岸开放性海域，海水水质良好，营养盐丰富，浮游植物密度较高，水深及避风条件较好，可依托岛礁，可利用抗风浪的新型设施，开发藻类、贝类的筏式养殖及鱼类、鲍鱼网箱养殖。

（4）适宜养殖种类：鲍鱼、海参、牡蛎、紫菜、海带、大黄鱼、真鲷、黑鲷、青石斑鱼、黄姑鱼。

二、 福州市海域潜在养殖区选划

（一）东洛岛海域潜在网箱养殖区

选划面积1064公顷，地理位置为以下7点连线海域：①119°52′44.3″E、26°24′46.6″N；②119°53′23.9″E、26°25′08.6″N；③119°54′14.2″E、26°25′07.0″N；④119°53′56.7″E、26°24′31.0″N；⑤119°54′18.5″E、26°24′29.5″N；⑥119°54′37.5″E、26°22′53.2″N；⑦119°52′22.8″E、26°23′19.1″N。（图5-6）

（1）环境条件：海域水深5～20米，沉积物为泥。表层海水pH 8.08～8.12，悬浮物含量7.6～61.9毫克/升，溶解氧5.67～8.06毫克/升，无机氮0.16～0.55毫克/升，活性磷酸盐0.008～0.053毫克/升；总有机碳1.11～2.08毫克/升，油类油8.0×10^{-3}～3.32×10^{-2}毫克/升，砷含量0.20×10^{-2}～0.42×10^{-2}毫克/升，汞1.00×10^{-5}～2.20×10^{-5}毫克/升，铅含量未检出～2.65×10^{-4}毫克/升，镉0.10×10^{-4}～0.31×10^{-4}毫克/升，锌3.46×10^{-4}～9.80×10^{-4}毫克/升，该海域沉积物的Eh 216.0毫伏，硫化物含量63.4毫克/千克，有机质1.50%，总氮0.834%，总磷0.340%，油类39.8毫克/千克，汞0.055毫克/千克，铜28.9毫克/千克，铅19.6毫克/千克，锌118毫克/千克，镉0.0430毫克/千克，铬8.20毫克/千克，砷12.9毫克/千克。沉积物中666含量0.46×10^{-3}毫克/千克，DDT 14.76×10^{-3}毫克/千克，PCBs（多氯联苯）1.16×10^{-3}毫克/千克，PAHs（多环芳烃）804.06×10^{-3}毫克/千克。本海区水质符合渔业水质标准，沉积物符合海洋沉积物质量一类标准，适合海水养殖要求。

（2）生物资源条件：表层海水中叶绿素a浓度2.40×10^{-3}毫克/升，脱镁叶绿素a浓度5.40×10^{-4}毫克/升；夏季浮游植物出现15种，密度3.84×10^{6}个

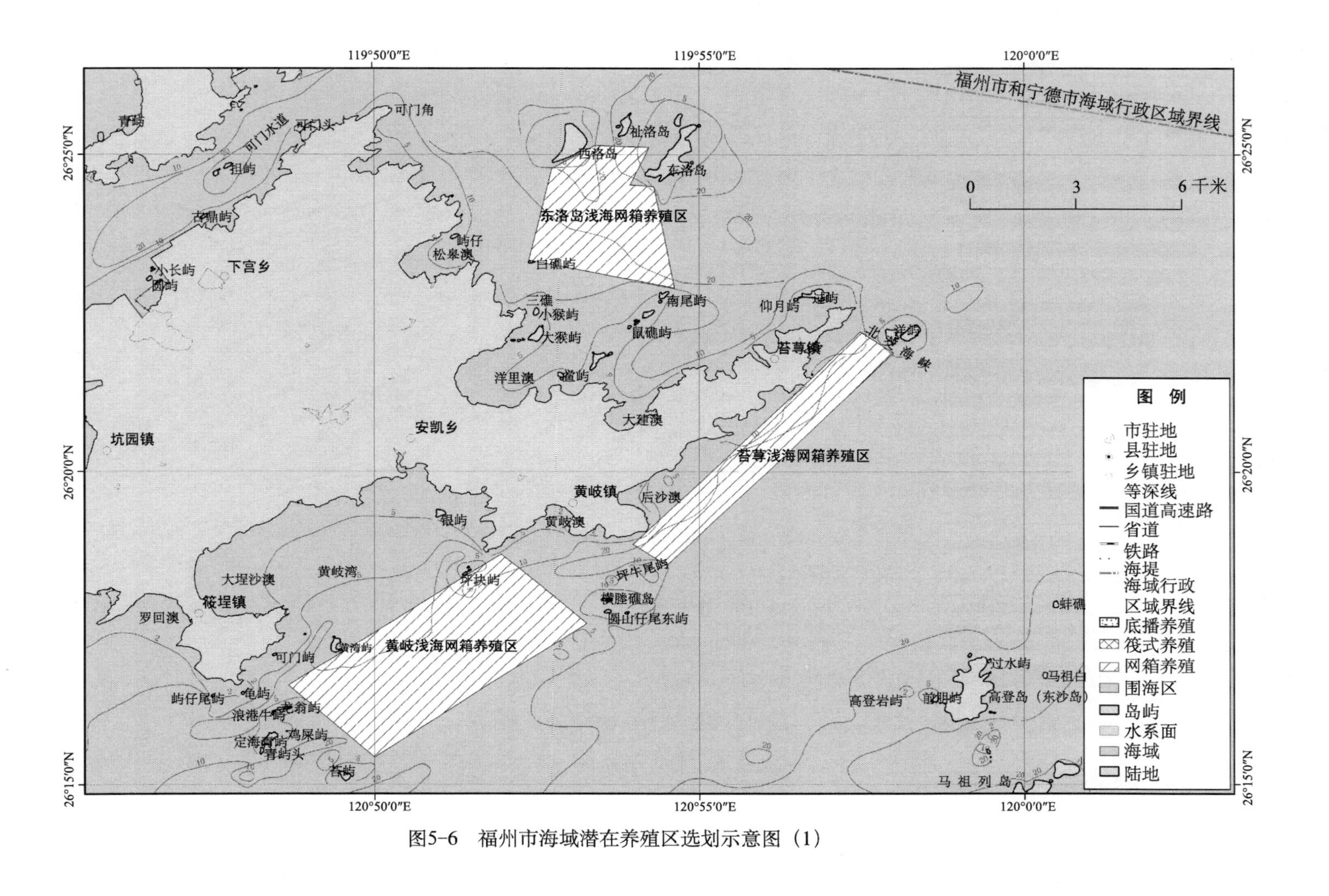

图5-6 福州市海域潜在养殖区选划示意图（1）

细胞/升，优势种是中肋骨条藻、优美菱形藻、亚伦海链藻等。夏季浮游动物出现 34 种，密度 81.82 个/米^3，优势种齿形海萤、精致真刺水蚤、真刺水蚤幼体等。底栖生物出现 9 种，密度 190 个/米^2，生物量 17.5 克/米^2，优势种模糊新短眼蟹（*Neoxenophthalmus obscurus*）。

（3）生态环境适宜性：本潜在养殖区属近岸开放性海域，海水水质良好，水深及避风条件较好，可依托岛礁，可利用抗风浪的新型设施，开发鱼类、鲍鱼网箱养殖。

（4）适宜养殖种类：大黄鱼、真鲷、黑鲷、青石斑鱼、黄姑鱼、海参。

（二）苔菉海域潜在网箱养殖区

选划面积 892 公顷，地理位置为以下 4 点连线海域：① 119°53′59.0″E、26°18′49.8″N；② 119°57′29.1″E、26°22′11.9″N；③ 119°58′00.0″E、26°21′52.2″N；④ 119°54′30.1″E、26°18′29.7″N（图 5-6）。

（1）环境条件：海域水深 10～20 米，沉积物为泥。表层海水 pH 8.10～8.28，悬浮物含量 5.2～43.2 毫克/升，溶解氧 7.71～8.20 毫克/升，无机氮 0.05～0.47 毫克/升，活性磷酸盐 0.002～0.067 毫克/升。该海域沉积物的 Eh152.2 毫伏，硫化物含量 77.9 毫克/千克，有机质 1.40%，总氮 0.709%，总磷 0.0330%，油类 56.7 毫克/千克，汞 0.052 毫克/千克，铜 8.58 毫克/千克，铅 14.9 毫克/千克，锌 74.2 毫克/千克，镉 3.78×10^{-2} 毫克/千克，铬 8.55 毫克/千克，砷 7.3 毫克/千克。本海区水质符合渔业水质标准，沉积物符合海洋沉积物质量一类指标，适合海水养殖要求。

（2）生物资源条件：表层海水叶绿素 a 浓度 7.70×10^{-3}毫克/升，脱镁叶绿素 a 浓度 1.79×10^{-3}毫克/升。夏季浮游植物出现 18 种，密度为 5.10×10^5 个细胞/升，优势种为旋链角毛藻、亚伦海链藻、柔弱伪菱形藻等。夏季浮游动物出现 31 种，密度 96.88 个/米^3，优势种齿形海萤（*Cypridina dentata*）、肥胖箭虫、真刺水蚤幼体等。底栖生物出现 17 种，密度 125 个/米^2，生物量 3.31 克/米^2，优势种双鳃内卷齿蚕、中蚓虫等。

（3）生态环境适宜性：本潜在养殖区属近岸开放性海域，海水水质良好，水深条件较好，可依托岛礁，可利用抗风浪的新型设施，开发鱼类、鲍鱼网箱养殖。

（4）适宜养殖种类：大黄鱼、真鲷、黑鲷、青石斑鱼、黄姑鱼、海参、鲍鱼。

(三) 黄岐海域潜在网箱养殖区

选划面积 1997 公顷，地理位置为以下 4 点连线海域：① 119°51′57.2″E、26°18′40.5″N；② 119°53′16.2″E、26°17′33.8″N；③ 119°50′00.1″E、26°15′25.8″N；④ 119°48′40.3″E、26°16′34.0″N（图 5-6）。

(1) 环境条件：海域水深 5～20 米，沉积物为泥。表层海水 pH 8.09～8.41，悬浮物含量 5.6～20.0 毫克/升，溶解氧 7.86～8.95 毫克/升，无机氮 0.05～0.39 毫克/升，活性磷酸盐 0.003～0.056 毫克/升，总有机碳 1.01～1.48 毫克/升，油类 9.30×10^{-3}～3.26×10^{-2}毫克/升，砷 1.90×10^{-3}～4.30×10^{-3}毫克/升，汞 9.0×10^{-6}～2.20×10^{-5}毫克/升，铜 4.00×10^{-3}～7.86×10^{-3}毫克/升，镉 1.90×10^{-5}～3.50×10^{-5}毫克/升，锌 3.00×10^{-4}～11.89×10^{-4}毫克/升，该海域沉积物的 Eh 98.1 毫伏，硫化物含量 111 毫克/千克，有机质 1.56%，总氮 0.988%，总磷 0.0342%，油类 76.5 毫克/千克，汞 0.084 毫克/千克，铜 27.6 毫克/千克，铅 27.3 毫克/千克，锌 119 毫克/千克，镉 0.0645 毫克/千克，铬 21.8 毫克/千克，砷 11.4 毫克/千克。本海区水质符合渔业水质标准，沉积物符合海洋沉积物质量一类标准，适合海水养殖要求。

(2) 生物资源条件：表层海水叶绿素 a 浓度 3.58×10^{-3}毫克/升，脱镁叶绿素 a 浓度 1.18×10^{-3}毫克/升。夏季浮游植物出现 15 种，密度 1.36×10^{6} 个细胞/升，优势种热带骨条藻（*Skeletonema tropicum*）、中肋骨条藻、亚伦海链藻。夏季浮游动物出现 18 种，密度 185.94 个/$米^3$，优势种精致真刺水蚤、齿形海萤、真刺唇角水蚤（*Labidocera euchaeta*）等。底栖生物出现 33 种，密度 780 个/$米^2$，生物量 46.9 克/$米^2$，优势种双鳃内卷齿蚕、模糊新短眼蟹、中蚓虫等。

(3) 生态环境适宜性：本潜在养殖区属近岸开放性海域，海水水质良好，水深条件较好，可依托岛礁，可利用抗风浪的新型设施，开发鱼类、鲍鱼网箱养殖。

(4) 适宜养殖种类：大黄鱼、真鲷、黑鲷、青石斑鱼、黄姑鱼、海参、鲍鱼。

(四) 粗芦岛潜在滩涂养殖区

选划面积 578 公顷，地理位置为以下 5 点连线海域：① 119°37′31.3″E、26°10′33.2″N；②119°38′21.2″E、26°11′03.4″N；③ 119°39′55.7″E、26°10′01.8″N；④ 119°39′27.0″E、26°09′32.8″N；⑤ 119°38′25.0″E、26°09′43.7″N（图 5-7）。

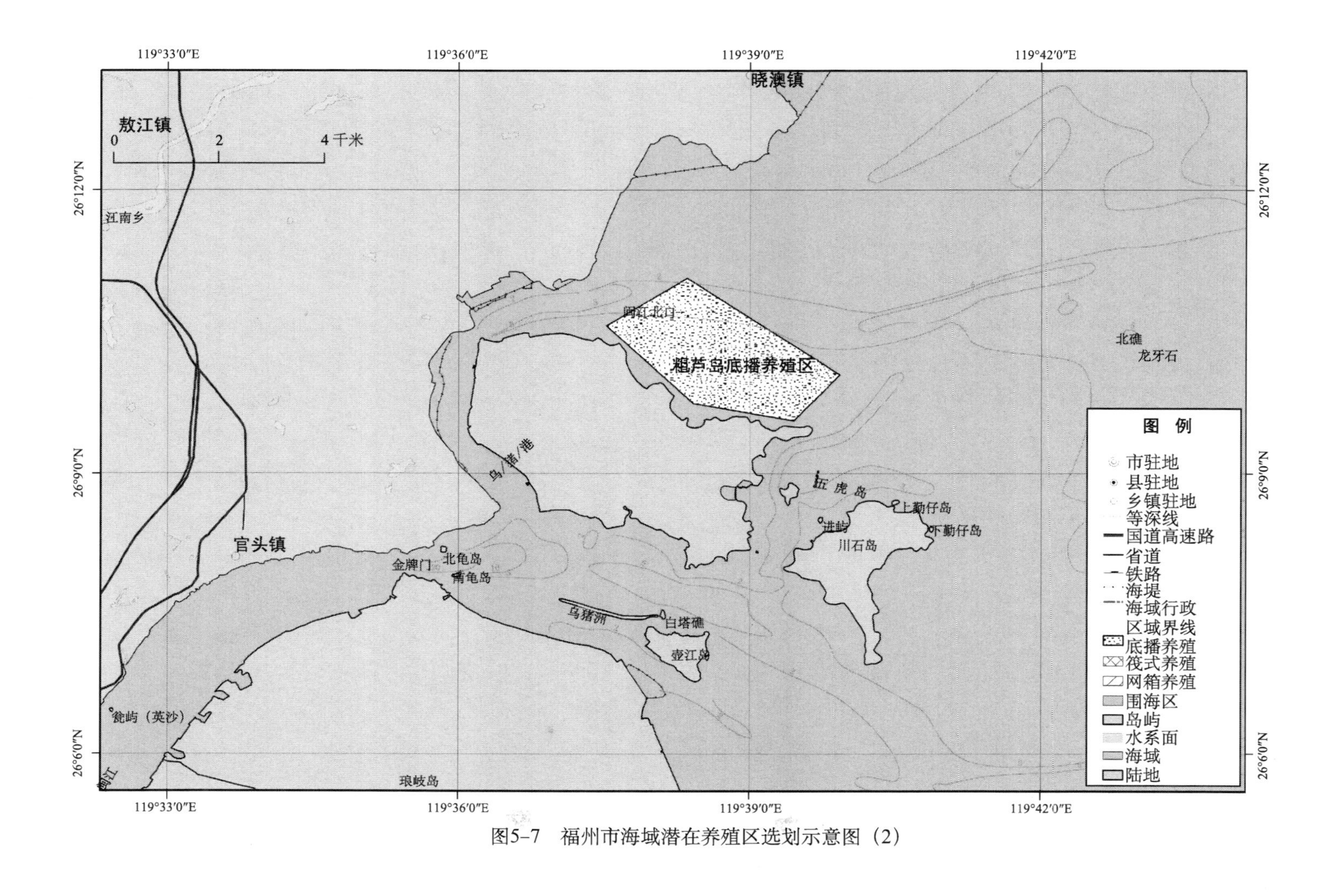

图5-7　福州市海域潜在养殖区选划示意图（2）

(1) 环境条件：海域底质为泥。海水 pH 7.13～8.15，悬浮物含量 5.6～245.7 毫克/升，溶解氧 5.37～8.70 毫克/升，无机氮 0.28～1.19 毫克/升，活性磷酸盐 0.020～0.033 毫克/升。总有机碳 1.16～2.43 毫克/升，油类 1.31×10^{-2}～4.42×10^{-2}毫克/升，砷 1.60×10^{-3}～3.40×10^{-3}毫克/升，汞 8.00×10^{-6}～1.80×10^{-5}毫克/升，铜 4.59×10^{-4}～1.22×10^{-3}毫克/升，镉 0.11×10^{-4}～0.29×10^{-4}毫克/升，锌 3.04×10^{-4}～7.25×10^{-4}毫克/升，总铬 0.27×10^{-4}～2.26×10^{-4}毫克/升。沉积物的硫化物含量 4.15 毫克/千克，有机质 0.09%，总氮 0.095%，总磷 0.0109%，油类未检出，汞未检出，铜 3.03 毫克/千克，铅 35.3 毫克/千克，锌 26.5 毫克/千克，镉 5.02×10^{-2}毫克/千克，铬 1.30 毫克/千克，砷 5.5 毫克/千克。本海区水质符合渔业水质标准，沉积物符合海洋沉积物质量一类标准，适合海水养殖要求。

(2) 生物资源条件：海水中叶绿素 a 浓度 3.52×10^{-3}毫克/升，脱镁叶绿素 a 浓度 5.17×10^{-3}毫克/升；夏季浮游植物出现 21 种，密度 160 800 个细胞/升，优势种中肋骨条藻、优美菱形藻、旋链角毛藻等。夏季浮游动物出现 9 种，密度 68.00 个/米^3，优势种长额刺糠虾（*Acanthomysis longirostris*）、火腿许水蚤（*Schmackeria poplesia*）等。底栖生物出现 4 种，密度 1910 个/米^2，生物量 3.5 克/米^2，优势种日本稚齿虫（*Prionospio japonica*）等。

(3) 生态环境适宜性：本潜在养殖区属近岸滩涂，海水水质、底质良好，营养盐丰富，浮游植物密度较高，可利用新技术对养殖滩涂进行改造，开发贝类、甲壳类养殖。

(4) 适宜养殖种类：缢蛏、牡蛎、青蟹。

(五) 南猫岛海域潜在底播养殖区

选划面积 715 公顷，地理位置为以下 4 点连线海域：①119°42′40.5″E、25°58′07.8″N；②119°43′22.3″E、25°57′57.3″N；③119°41′52.9″E、25°54′59.8″N；④119°41′11.3″E、25°55′10.2″N（图 5-8）。

(1) 环境条件：海域水深 2～5 米，沉积物为泥沙。海水 pH 8.06～8.20，悬浮物含量 3.9～15.0 毫克/升，溶解氧 7.67～8.47 毫克/升，无机氮 0.06～

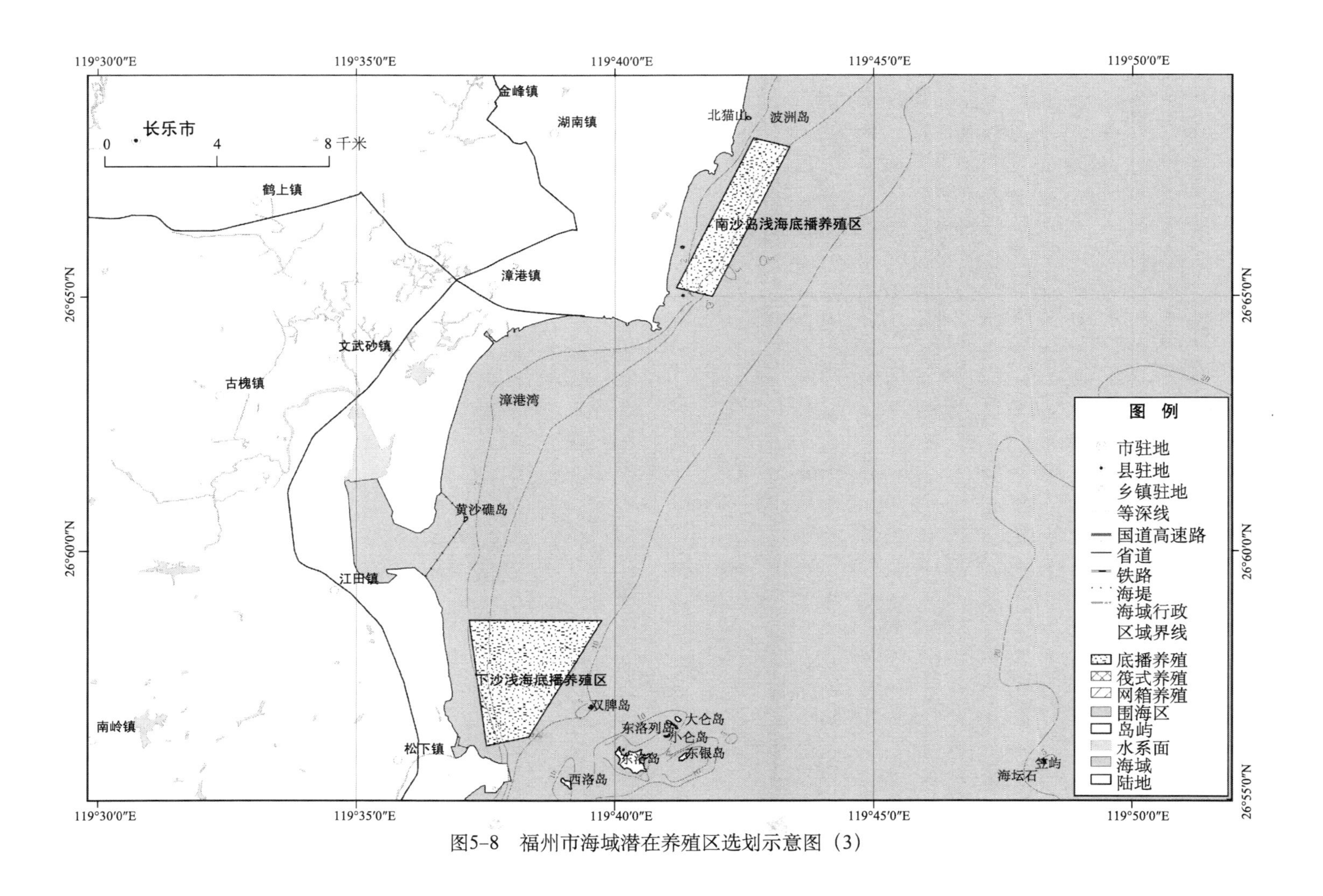

图5-8　福州市海域潜在养殖区选划示意图（3）

0.63毫克/升，活性磷酸盐0.004～0.038毫克/升。总有机碳1.02～1.76毫克/升，油类0.42×10^{-2}～2.79×10^{-2}毫克/升，砷0.19×10^{-2}～0.28×10^{-2}毫克/升，汞0.17×10^{-4}～0.76×10^{-4}毫克/升，铜5.30×10^{-4}～7.31×10^{-4}毫克/升，铅未检出，镉0.17×10^{-4}～0.36×10^{-4}毫克/升，锌3.46×10^{-4}～7.70×10^{-4}毫克/升。本海区水质符合渔业水质标准，适合海水养殖要求。

（2）生物资源条件：海水中叶绿素a浓度1.07×10^{-2}毫克/升，脱镁叶绿素a浓度1.27×10^{-3}毫克/升。夏季浮游植物出现26种，密度2.89×104个细胞/升，优势种优美菱形藻、菱形海线藻（*Thalassionema nitzschioides*）、柔弱伪菱形藻、中肋骨条藻等。夏季浮游动物出现20种，密度50.67个/米^3，优势种真刺水蚤幼体、长尾类（*Macrura*）、肥胖箭虫等。底栖生物出现30种，主要种类有中蚓虫、模糊新短眼蟹等。

（3）生态环境适宜性：本潜在养殖区属近岸海域，海水水质良好，营养盐丰富，浮游植物密度较高，可开发贝类底播养殖。

（4）适宜养殖种类：西施舌、江珧、花蛤。

（六）下沙海域潜在底播养殖区

选划面积1256公顷，地理位置为以下4点连线海域：① 119°37′10.7″E、25°48′37.4″N；② 119°39′44.6″E、25°48′37.2″N；③ 119°38′20.1″E、25°46′16.8″N；④ 119°37′31.2″E、25°46′06.3″N（图5-8）。

（1）环境条件：海域水深2～10米，沉积物为泥沙。海水悬浮物含量5.0～20.1毫克/升，溶解氧7.46～8.48毫克/升，无机氮0.07～0.54毫克/升，活性磷酸盐0.005～0.039毫克/升。本海区水质符合渔业水质标准，适合海水养殖要求。

（2）生物资源条件：夏季浮游植物出现14种，密度3.72×10^4个细胞/升，优势种菱形海线藻、中肋骨条藻、热带骨条藻等。夏季浮游动物出现30种，密度158.13个/米^3，优势种真刺水蚤幼体、肥胖箭虫、齿形海萤等。

（3）生态环境适宜性：本潜在养殖区属近岸海域，海水水质良好，营养盐丰富，浮游植物密度较高，可开发贝类底播养殖。

（4）适宜养殖种类：西施舌、江珧、花蛤。

（七）长江澳海域潜在网箱养殖区

1. 长江澳浅海网箱养殖区

选划面积 519 公顷，地理位置为以下 4 点连线海域：① 119°47′30.3″E、25°37′07.1″N；② 119°46′48.3″E、25°38′11.6″N；③ 119°48′00.8″E、25°38′44.6″N；④ 119°48′42.4″E、25°37′40.5″N（图 5-9）。

2. 山洲岛浅海网箱养殖区

选划面积 1077 公顷，地理位置为以下 4 点连线海域：① 119°48′41.9″E、25°38′35.6″N；②119°50′12.7″E、25°39′30.9″N；③ 119°51′17.4″E、25°37′52.3″N；④ 119°49′46.3″E、25°36′57.2″N（图 5-9）。

（1）环境条件：海域水深 5～20 米，底质为沙。海水 pH 8.14～8.32，悬浮物含量 4.3～9.0 毫克/升，溶解氧 7.86～8.83 毫克/升，无机氮 0.04～0.32 毫克/升，活性磷酸盐 0.002～0.039 毫克/升。总有机碳 0.96～2.34 毫克/升，油类 4.70×10^{-3}～3.07×10^{-2}毫克/升，砷 2.10×10^{-3}～0.54×10^{-2}毫克/升，汞 6.00×10^{-6}～2.00×10^{-6}毫克/升，铜 3.10×10^{-4}～6.80×10^{-4}毫克/升，铅 5.00×10^{-6}～2.23×10^{-4}毫克/升，镉 1.20×10^{-5}～2.30×10^{-5}毫克/升，锌 3.46×10^{-4}～32.61×10^{-4}毫克/升，总铬 5.90×10^{-5}～1.99×10^{-4}毫克/升。该海域沉积物的 Eh83.2 毫伏，硫化物含量 116 毫克/千克，有机质 1.63%，总氮 1.248%，总磷 0.0426%，油类 26.5 毫克/千克，汞 0.055 毫克/千克，铜 13.5 毫克/千克，铅 20.4 毫克/千克，锌 106 毫克/千克，镉 0.025 毫克/千克，铬 19.6 毫克/千克，砷 7.1 毫克/千克。本海区水质符合渔业水质标准，沉积物符合海洋沉积物质量一类标准，适合海水养殖要求。

（2）生物资源条件：夏季浮游植物出现 21 种，密度 1.67×10^{4} 个细胞/升，优势种优美菱形藻、菱形海线藻等。夏季浮游动物出现 38 种，密度 126.88 个/米^{3}，优势种齿形海萤、精致真刺水蚤、真刺水蚤幼体等。底栖生物出现 37 种，密度 495 个/米^{2}，生物量 4.2 克/米^{2}，优势种中蚓虫、不倒翁虫、梳鳃虫（*Terebellides stroemii*）等。夏季初级生产力的调查结果是，在 28 米水层，相对光强 1%～100%条件下，初级生产力为 1.13～52.95 毫克/（米^{3}·小时）。

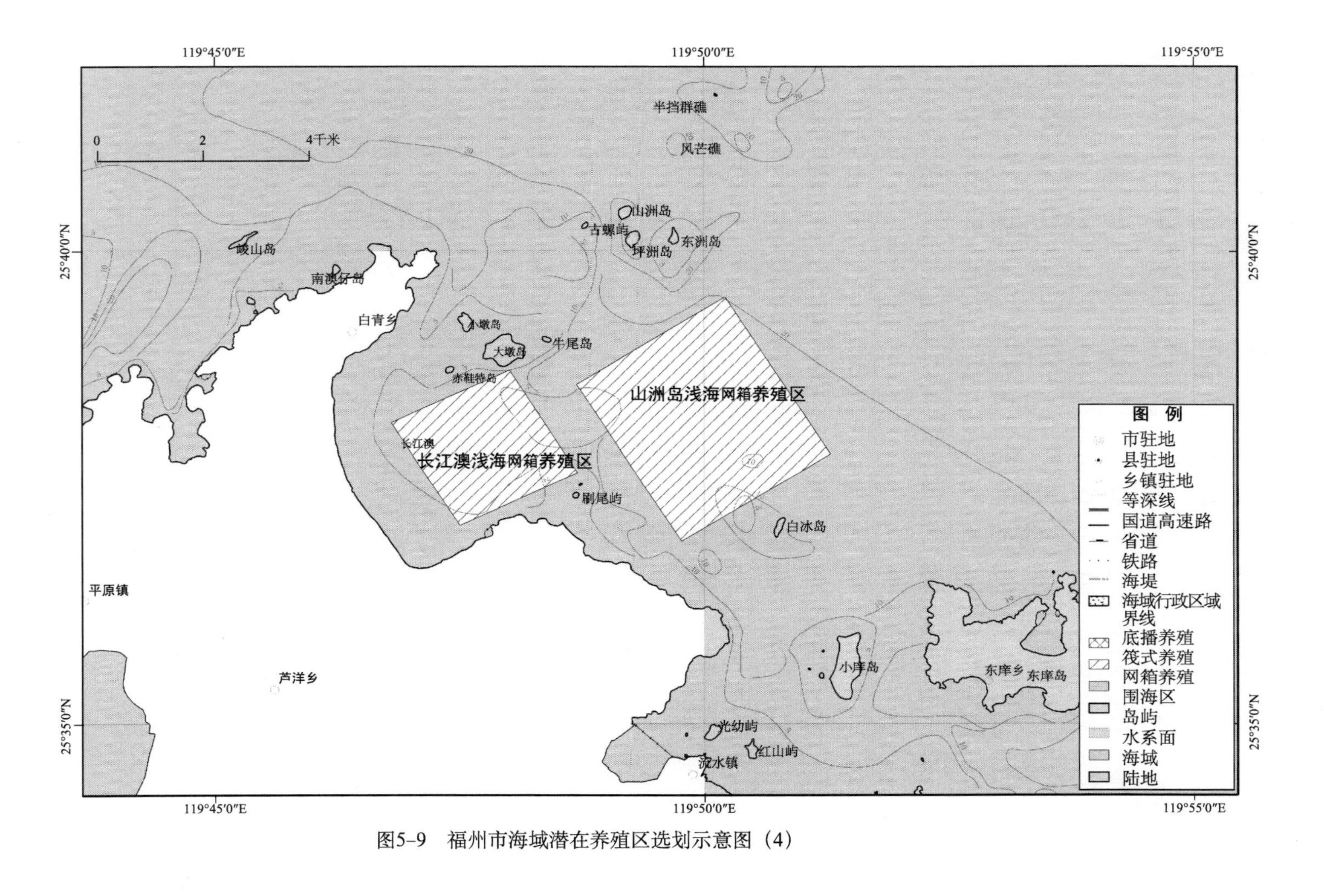

图5-9　福州市海域潜在养殖区选划示意图（4）

(3) 生态环境适宜性：本潜在养殖区属近岸开放性海域，海水水质良好，水深条件较好，可依托岛礁，可利用抗风浪的新型设施，开发鱼类、鲍鱼网箱养殖。

(4) 适宜养殖种类：真鲷、黑鲷、黄鳍鲷、青石斑鱼、赤点石斑鱼、黄姑鱼、海参、鲍鱼。

(八) 塘屿岛海域潜在网箱养殖区

1. 塘屿岛东浅海网箱养殖区

选划面积 1145 公顷，地理位置为以下 4 点连线海域：① 119°42′31.7″E、25°20′28.2″N；② 119°44′18.3″E、25°21′24.2″N；③ 119°45′11.9″E、25°19′47.5″N；④ 119°43′25.6″E、25°18′51.8″N（图 5-10）。

2. 塘屿岛西浅海网箱养殖区

选划面积 649 公顷，地理位置为以下 4 点连线海域：① 119°39′27.1″E、25°19′46.8″N；② 119°40′24.5″E、25°20′06.1″N；③ 119°41′02.9″E、25°18′08.0″N，④ 119°40′04.9″E、25°17′49. 2″N（图 5-10）。

(1) 环境条件：海域水深 10～20 米，沉积物为泥。海水 pH 8.12～8.20，悬浮物含量 11.2～78.2 毫克/升，溶解氧 5.88～7.90 毫克/升，无机氮 0.13～0.39 毫克/升，活性磷酸盐 0.013～0.032 毫克/升。本海区水质符合渔业水质标准，适合海水养殖要求。

(2) 生物资源条件：海水中叶绿素 a 浓度 7.70×10^{-4} 毫克/升，脱镁叶绿素 a 浓度 2.60×10^{-4} 毫克/升；夏季浮游植物出现 7 种，密度为 3979 个细胞/升，优势种为旋链角毛藻。夏季浮游动物出现 31 种，密度 172.67 个/米^3，优势种齿形海萤、美丽箭虫（*Sagitta pulchra*）、真哲水蚤幼体（*Eucalanus larva*）等。底栖生物出现 31 种，密度 245 个/米^2，生物量 67.4 克/米^2，优势种中蚓虫、双鳃内卷齿蚕、模糊新短眼蟹、不倒翁虫等。夏季初级生产力的调查结果是，在 23 米水层，相对光强 1%～100%条件下，初级生产力为 4.98～69.75 毫克/（米^3·小时）。

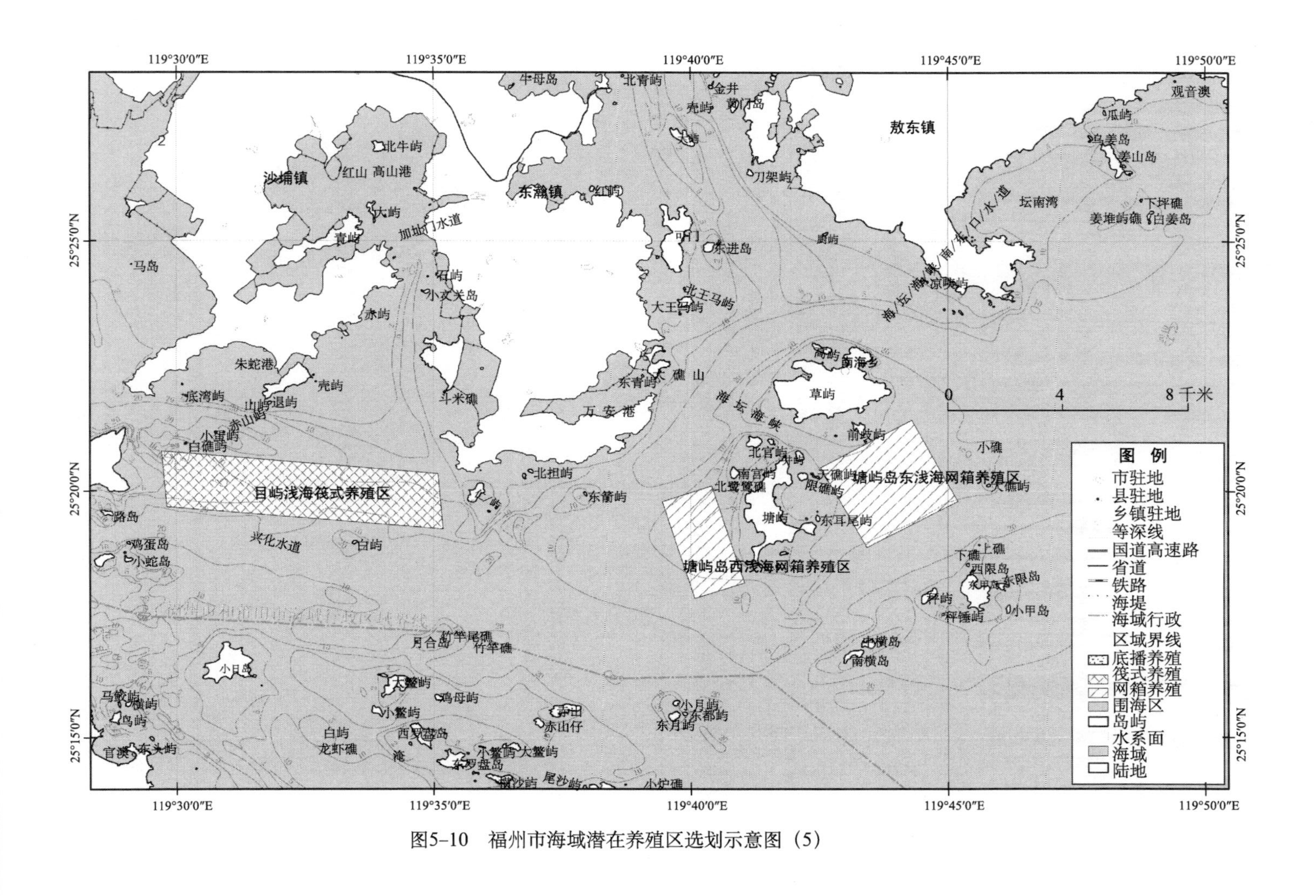

图5-10 福州市海域潜在养殖区选划示意图（5）

(3) 生态环境适宜性：本潜在养殖区属近岸开放性海域，海水水质良好，水深条件较好，可依托岛礁，可利用抗风浪的新型设施，开发鱼类、鲍鱼网箱养殖。

(4) 适宜养殖种类：真鲷、黑鲷、黄鳍鲷、青石斑鱼、赤点石斑鱼、黄姑鱼、海参、鲍鱼。

(九) 目屿浅海筏式养殖区

选划面积 1851 公顷，地理位置为以下 4 点连线海域：① 119°29′42.4″E、25°20′47.6″N；②119°35′05.6″E、25°20′20.5″N；③ 119°35′11.1″E、25°19′13.6″N；④ 119°29′48.3″E、25°19′40.6″N（图 5-10）。

(1) 环境条件：海域水深 5～10 米，沉积物为泥。海水 pH 8.07～8.16，悬浮物含量 16.3～41.6 毫克/升，溶解氧 5.84～8.22 毫克/升，无机氮 0.17～0.40 毫克/升，活性磷酸盐 0.015～0.034 毫克/升。该海域沉积物的 Eh134.5 毫伏，硫化物含量 41.3 毫克/千克，有机质 1.11%，总氮 0.714%，总磷 0.0298%，油类 23.0 毫克/千克，汞 0.037 毫克/千克，铜 17.4 毫克/千克，铅 10.3 毫克/千克，锌 77.9 毫克/千克，镉 0.0441 毫克/千克，铬 9.83 毫克/千克，砷 8.0 毫克/千克。本海区水质符合渔业水质标准，沉积物符合海洋沉积物质量一类标准，适合海水养殖要求。

(2) 生物资源条件：海水中叶绿素 a 浓度 7.20×10^{-4}毫克/升，脱镁叶绿素 a 浓度 4.70×10^{-4}毫克/升。夏季浮游植物出现 14 种，密度 9.66 ×104 个细胞/升，优势种菱形海线藻、优美菱形藻、旋链角毛藻等。夏季浮游动物出现 32 种，密度 932.72 个/$米^3$，优势种齿形海萤、精致真刺水蚤、宽尾刺康虾（*Acanthomysis laticauda*）等。底栖生物出现 14 种，密度 95 个/$米^2$，生物量 5.5 克/$米^2$，优势种单壳类幼体（*snail larva*）、长吻沙蚕（*Glycera chirori*）、塞切尔泥钩虾等。

(3) 生态环境适宜性：本潜在养殖区属湾口海域，海水水质良好，可利用抗风浪的新型设施，开发藻类、鲍鱼筏式养殖。

(4) 适宜养殖种类：鲍鱼、海参、紫菜、海带、江蓠。

三、 莆田海域潜在养殖区选划

(一) 平海湾海域潜在筏式养殖区

1. 文甲浅海筏式养殖区

选划面积 1547 公顷，地理位置为以下 4 点连线海域：① 119°11′51.2″E、25°09′39.5″N；② 119°12′11.8″E、25°07′11.2″N；③ 119°10′13.7″E、25°06′53.4″N；④ 119°09′52.4″E、25°09′21.4″N（图 5-11）。

2. 平海浅海筏式养殖区

选划面积 549 公顷，地理位置为以下 4 点连线海域：① 119°14′23.9″E、25°08′48.8″N；② 119°14′02.5″E、25°09′44.3″N；③ 119°15′45.9″E、25°10′13.3″N；④ 119°16′07.2″E、25°09′17.9″N（图 5-11）。

（1）环境条件：海域水深 5～10 米，沉积物为泥。海水 pH 8.13～8.16，悬浮物含量 15.4～35.5 毫克/升，溶解氧 6.22～8.26 毫克/升，无机氮 0.19～0.36 毫克/升，活性磷酸盐 0.008～0.044 毫克/升。本海区水质符合渔业水质标准，适合海水养殖要求。

（2）生物资源条件：海水中叶绿素 a 浓度 1.93×10^{-3}毫克/升，脱镁叶绿素 a 浓度 0.97×10^{-3}毫克/升。夏季浮游植物出现 15 种，密度 6.78×10^{5} 个细胞/升，优势种旋链角毛藻、扁面角毛藻（Chaetoceros compressus）、优美菱形藻等。夏季浮游动物出现 27 种，密度 37.00 个/米^3，优势种双生水母（*Diphyes chamissonis*）、齿形海萤、亨生莹虾（*Lucifer hanseni*）等。底栖生物出现 30 种，密度 300 个/米^2，生物量 5.2 克/米^2，优势种薄片裸赢蜚（*Corophium lamellatum*）、模糊新短眼蟹、独毛虫（*Tharyx* sp.）等。

（3）生态环境适宜性：本潜在养殖区属湾口海域，海水水质良好，可利用抗风浪的新型设施，开发藻类、鲍鱼筏式养殖。

（4）适宜养殖种类：鲍鱼、海参、牡蛎、江蓠、紫菜。

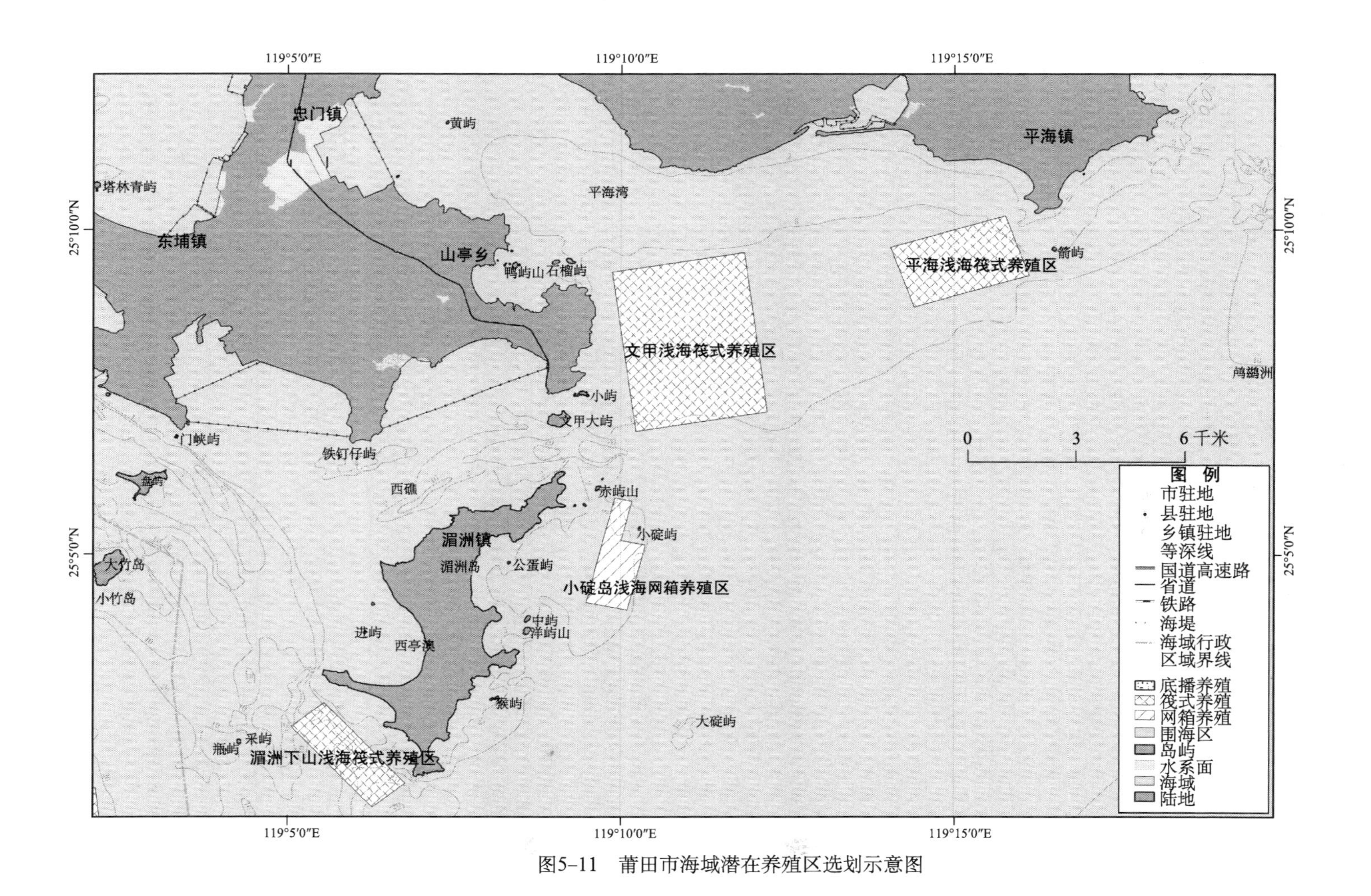

图5-11 莆田市海域潜在养殖区选划示意图

(二) 湄洲下山海域潜在筏式养殖区

选划面积 337 公顷，地理位置为以下 4 点连线海域：①119°05′33.3″E、25°02′41.7″N；②119°06′46.2″E、25°01′26.5″N；③119°06′16.8″E、25°01′3.5″N；④119°05′3.7″E、25°02′19.1″N（图 5-11）。

(1) 环境条件：海域水深 10～20 米，沉积物为泥沙。海水 pH 8.07～8.16，悬浮物含量 5.8～54.3 毫克/升，溶解氧 5.86～8.25 毫克/升，无机氮 0.16～0.37 毫克/升，活性磷酸盐 0.006～0.037 毫克/升。该海域沉积物的硫化物含量 13.5 毫克/千克，有机质 0.13%，总氮 0.097%，总磷 0.161%，油类未检出，汞 0.019 毫克/千克，铜 6.93 毫克/千克，铅 18.0 毫克/千克，锌 36.8 毫克/千克，镉 2.08×10^{-2}毫克/千克，铬 5.58 毫克/千克，砷 4.2 毫克/千克。本海区水质符合渔业水质标准，沉积物符合海洋沉积物质量一类标准，适合海水养殖要求。

(2) 生物资源条件：海水中叶绿素 a 浓度 9.90×10^{-4}毫克/升，脱镁叶绿素 a 浓度 7.20×10^{-4}毫克/升；夏季浮游植物出现 23 种，密度 9.71×10^{5} 个细胞/升，优势种中肋骨条藻、热带骨条藻、旋链角毛藻等。夏季浮游动物出现 32 种，密度 307.81 个/$米^3$，优势种齿形海萤、真哲水蚤幼体、百陶箭虫（*Sagitta bedoti*）等。底栖生物出现 8 种，密度 40 个/$米^2$，生物量 2.2 克/$米^2$，优势种细腕阳遂足［*Amphiura*（*Ophiopeltis*）*tenuis*］、长尾亮钩虾（*Photis longicaudata*）等。

(3) 生态环境适宜性：本潜在养殖区属湾口海域，海水水质良好，可利用抗风浪的新型设施，开发藻类、鲍鱼筏式养殖。

(4) 适宜养殖种类：鲍鱼、海参、紫菜、海带、江蓠。

(三) 小碇岛海域潜在网箱养殖区

选划面积 254 公顷，地理位置为以下 4 点连线海域：① 119°09′54.7″E、25°05′52.6″N；② 119°10′10.2″E、25°05′49.6″N；③ 119°10′00.5″E、25°05′13.3″N；④ 119°10′22.1″E、25°05′09.1″N（图 5-11）。

(1) 环境条件：海域水深 10～20 米，沉积物为泥沙。海水 pH 8.12～8.16，悬浮物含量 6.2～28.6 毫克/升，溶解氧 7.22～8.49 毫克/升，无机氮 0.03～0.32 毫克/升，活性磷酸盐 0.001～0.034 毫克/升，总有机碳 0.96～1.47 毫克/升，油类 9.10×10^{-3}～3.72×10^{-2}毫克/升，砷 2.10×10^{-3}～2.70×10^{-3}毫克/升，汞 1.30×10^{-5}～2.10×10^{-5}毫克/升，铜 3.35×10^{-4}～4.70×10^{-4}毫克/升，镉 1.60×10^{-5}～2.70×10^{-5}毫克/升，锌 1.79×10^{-4}～7.70×10^{-4}毫克/升。该海域沉积物的 Eh 12.3 毫伏，硫化物含量 41.8 毫克/千克，有机质 1.44%，总氮 1.129%，总磷 0.0447%，油类 39.7 毫克/千克，汞 0.061 毫克/千克，铜 23.7 毫克/千克，铅 26.3 毫克/千克，锌 114 毫克/千克，镉 0.028 毫克/千克，铬 19.1 毫克/千克，砷 8.0 毫克/千克。沉积物中 666 含量 0.21×10^{-3}毫克/千克，DDT 3.79×10^{-3}毫克/千克，PCBs 0.59×10^{-3}毫克/千克，PAHs 825.05×10^{-3}毫克/千克。本海区水质符合渔业水质标准，沉积物符合海洋沉积物质量一类标准，适合海水养殖要求。

(2) 生物资源条件：夏季浮游植物出现 25 种，密度 2.18×10^{6} 个细胞/升，优势种热带骨条藻、旋链角毛藻、柔弱伪菱形藻等。夏季浮游动物出现 30 种，密度 145.45 个/米^{3}，优势种肥胖箭虫、拟细浅室水母（*Lensia subtiloides*）、亨生萤虾等。底栖生物出现 55 种，密度 540 个/米^{2}，生物量 11.1 克/米^{2}，优势种中蚓虫、塞切尔泥钩虾、奇异稚齿虫（*Paraprionospio pinnata*）等。

(3) 生态环境适宜性：本潜在养殖区属近岸开放性海域，海水水质良好，水深条件较好，可依托岛礁，利用抗风浪的新型设施，开发鱼类、鲍鱼网箱养殖。

(4) 适宜养殖种类：真鲷、黑鲷、黄鳍鲷、青石斑鱼、赤点石斑鱼、黄姑鱼、海参、鲍鱼。

四、 泉州市海域潜在养殖区选划

(一) 山龙屿浅海筏式养殖区

选划面积 1047 公顷，地理位置为以下 4 点连线海域：① 119°02′7.5″E、

25°01′22.3″N；② 119°02′29.3″E、24°58′32.8″N；③ 119°01′19.2″E、24°58′23.8″N；④ 119°00′57.2″E、25°01′34.2″N（图 5-12）。

（1）环境条件：海域水深 5～10 米，沉积物为泥沙。海水 pH 8.07～8.16，悬浮物含量 5.8～54.3 毫克/升，溶解氧 5.86～8.25 毫克/升，无机氮 0.16～0.37 毫克/升，活性磷酸盐 0.006～0.037 毫克/升。本海区水质符合渔业水质标准，适合海水养殖要求。

（2）生物资源条件：海水中叶绿素 a 浓度 9.90×10^{-4}毫克/升，脱镁叶绿素 a 浓度 7.20×10^{-4}毫克/升。夏季浮游植物出现 23 种，密度 9.71×10^{5} 个细胞/升，优势种中肋骨条藻、热带骨条藻、旋链角毛藻等。夏季浮游动物出现 32 种，密度 307.81 个/米^3，优势种齿形海萤、真哲水蚤幼体、百陶箭虫等。底栖生物出现 8 种，密度 40 个/米^2，生物量 2.2 克/米^2，优势种细腕阳遂足、长尾亮钩虾等。

（3）生态环境适宜性：本潜在养殖区属湾口海域，海水水质良好，浮游植物密度较高，可利用抗风浪的新型设施，开发藻类、鲍鱼筏式养殖。

（4）适宜养殖种类：鲍鱼、海参、牡蛎、紫菜、江蓠。

（二）浮山浅海筏式养殖区

选划面积 811 公顷，地理位置为以下 4 点连线海域：①118°50′31.7″E、24°51′48.3″N；② 118°52′31.4″E、24°52′39.5″N；③ 118°53′04.5″E、24°51′35.4″N；④ 118°51′04.4″E、24°50′44.3″N（图 5-12）。

（1）环境条件：海域水深 5～10 米，底质为沙。海水 pH 8.14～8.17，悬浮物含量 8.9～36.5 毫克/升，溶解氧 6.80～8.19 毫克/升，无机氮 0.16～0.47 毫克/升，活性磷酸盐 0.009～0.032 毫克/升。本海区水质符合渔业水质标准，适合海水养殖要求。

（2）生物资源条件：夏季浮游植物出现 14 种，密度 1.67×10^{6} 个细胞/升，优势种中肋骨条藻、菱形藻（*Nitzschia* sp.）、旋链角毛藻等。夏季浮游动物出现 26 种，密度 178.57 个/米^3，优势种齿形海萤、肥胖箭虫、短尾类（*Brachyura*）等。底栖生物出现 42 种，密度 1155 个/米^2，生物量 16.8 克/米^2，

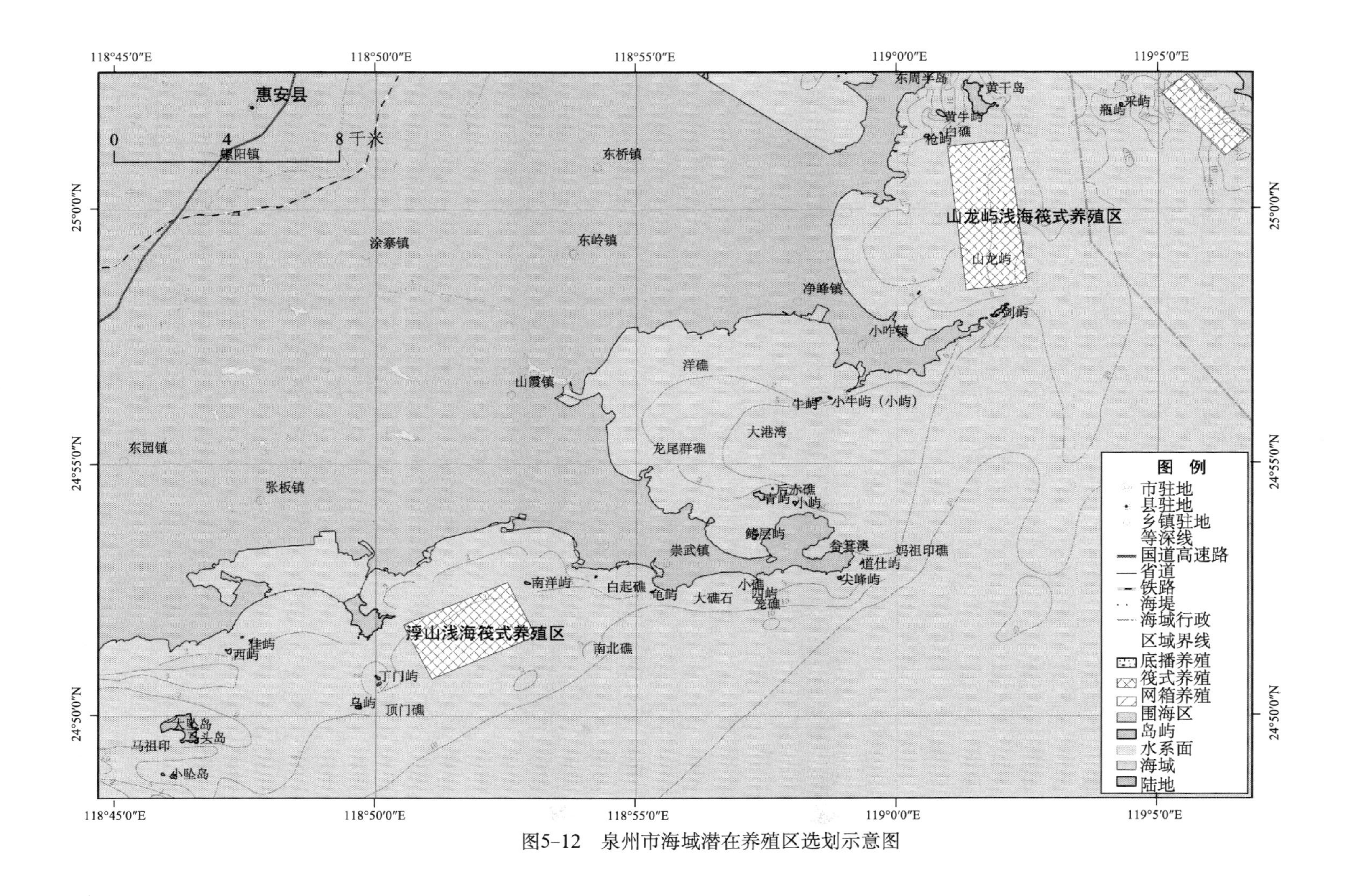

图5-12　泉州市海域潜在养殖区选划示意图

优势种中蚓虫、锥虫（*Haploscoloplos* sp.）、薄片裸赢蜚等。

（3）生态环境适宜性：本潜在养殖区属湾口海域，海水水质良好，浮游植物密度较高，可利用抗风浪的新型设施，开发藻类、鲍鱼筏式养殖。

（4）适宜养殖种类：鲍鱼、海参、牡蛎、紫菜、江蓠。

五、漳州市海域潜在养殖区选划

（一）牛头山浅海底播养殖区

选划面积402公顷，地理位置为以下4点连线海域：①118°04′16.3″E、24°14′57.1″N；②118°04′46.4″E、24°14′39.1″N；③118°03′09.7″E、24°13′02.7″N；④118°02′40.0″E、24°13′20.6″N（图5-13）。

（1）环境条件：海域水深5～10米，底质为沙。海水pH 7.00～8.01，悬浮物含量16.8～20.8毫克/升，溶解氧5.87～7.09毫克/升，无机氮0.264～0.511毫克/升，活性磷酸盐浓度为0.024～0.036毫克/升。油类5.80×10^{-3}～1.39×10^{-2}毫克/升，砷6.10×10^{-4}～1.04×10^{-3}毫克/升，汞1.50×10^{-5}～3.80×10^{-5}毫克/升，铜7.40×10^{-4}～1.07×10^{-3}毫克/升，铅浓度为7.70×10^{-4}～2.47×10^{-3}毫克/升，镉浓度为2.20×10^{-5}～5.30×10^{-5}毫克/升，锌浓度为2.06×10^{-2}～4.77×10^{-2}毫克/升。本海区水质符合渔业水质标准，适合海水养殖要求。

（2）生态环境适宜性：本潜在养殖区属近岸开放性海域，海水水质良好，底质为沙，可开发贝类底播养殖。

（3）适宜养殖种类：花蛤、等边浅蛤、江珧、文蛤。

（二）林进屿浅海底播养殖区

选划面积509公顷，地理位置为以下4点连线海域：①118°00′24.4″E、24°11′53.5″N；②118°01′03.1″E、24°11′26.4″N；③117°59′38.2″E、24°09′52.8″N；④117°59′00.7″E、24°10′19.6″N（图5-13）。

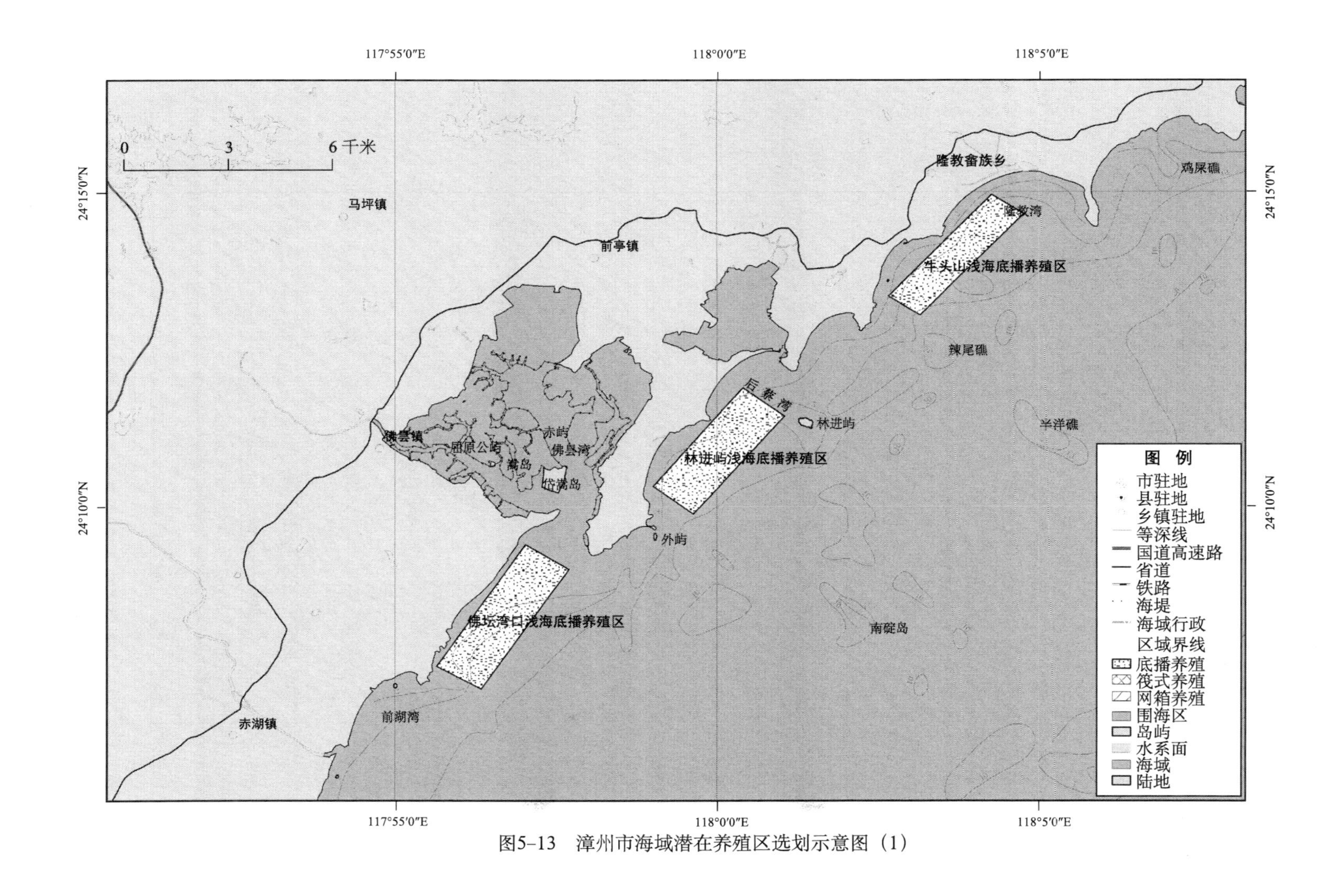

图5-13　漳州市海域潜在养殖区选划示意图（1）

（1）环境条件：海域水深5～10米，底质为沙。海水pH 7.95～8.03，悬浮物含量为23.2～55.6毫克/升，溶解氧浓度为6.21～7.56毫克/升，无机氮浓度为0.283～0.524毫克/升，活性磷酸盐浓度为0.026～0.033毫克/升，油类浓度为1.01×10^{-2}～1.56×10^{-2}毫克/升，砷7.80×10^{-4}～1.47×10^{-3}毫克/升，汞1.10×10^{-5}～3.20×10^{-5}毫克/升，铜6.20×10^{-4}～9.50×10^{-4}毫克/升，铅1.08×10－3～2.21×10^{-3}毫克/升，镉3.40×10^{-5}～4.30×10^{-5}毫克/升，锌1.81×10^{-2}～5.61×10^{-2}毫克/升。本海区水质符合渔业水质标准，适合海水养殖要求。

（2）生物资源条件：夏季浮游植物出现17种，密度1.40×10^{5}个细胞/升，优势种优美菱形藻、旋链角毛藻、菱形海线藻等。夏季浮游动物出现27种，密度90个/米^3，优势种齿形海萤、球形侧腕水母（*Pleurobrachia globosa*）、真哲水蚤幼体等。底栖生物出现12种，密度110个/米^2，生物量0.6克/米^2，优势种双鳃内卷齿蚕、奇异稚齿虫、日本美人虾（*Callianassa japonica*）等。

（3）生态环境适宜性：本潜在养殖区属近岸开放性海域，海水水质良好，底质为沙，浮游植物密度较高，可开发贝类底播养殖。

（4）适宜养殖种类：花蛤、等边浅蛤、江珧、文蛤。

（三）佛坛湾口潜在底播养殖区

选划面积575公顷，地理位置为以下4点连线海域：① 117°57′01.6″E、24°09′23.8″N；② 117°57′42.2″E、24°09′00.7″N；③ 117°56′20.1″E、24°07′05.6″N；④ 117°55′38.6″E、24°07′27.4″N（图5-13）。

（1）环境条件：海域水深2～5米，底质为沙。海水pH 7.99～8.00，悬浮物含量10.4～62.6毫克/升，溶解氧6.65～7.01毫克/升，无机氮0.260～0.354毫克/升，活性磷酸盐0.024～0.036毫克/升，油类5.80×10^{-3}～1.30×10^{-2}毫克/升，砷6.80×10^{-4}～1.44×10^{-3}毫克/升，汞1.50×10^{-5}～3.20×10^{-5}毫克/升，铜5.40×10^{-4}～9.00×10^{-4}毫克/升，铅7.80×10^{-4}～2.60×10^{-3}毫克/升，镉3.80×10^{-5}～4.70×10^{-5}毫克/升，锌2.96×10^{-2}～4.82×10^{-2}毫克/升。本海区水质符合渔业水质标准，适合海水养殖要求。

（2）生态环境适宜性：本潜在养殖区属近岸开放性海域，海水水质良好，底质为沙，可开发贝类底播养殖。

（3）适宜养殖种类：花蛤、等边浅蛤、江珧、文蛤、青蛤。

（四）将军澳潜在筏式养殖区

选划面积 344 公顷，地理位置为以下 4 点连线海域：① 117°48′45.1″E、23°59′39.7″N；② 117°48′57.3″E、23°59′54.8″N；③ 117°49′29.5″E、23°59′33.9″N；④ 117°48′25.4″E、23°58′12.9″N（图 5-14）。

（1）环境条件：海域水深 5～10 米，底质为沙。海水 pH 8.05～8.12，悬浮物含量 1.4～6.8 毫克/升，溶解氧 5.7～7.1 毫克/升，无机氮 0.057～0.167 毫克/升，活性磷酸盐 0.012～0.09 毫克/升，油类 7.00×10^{-3}～2.60×10^{-2} 毫克/升，砷 1.86×10^{-3}～2.54×10^{-3} 毫克/升。该海域沉积物的硫化物含量 192 毫克/千克，有机质 0.92%，油类 192 毫克/千克，汞 0.045 毫克/千克，铜 14.0 毫克/千克，铅 39.2 毫克/千克，锌 93.1 毫克/千克，镉 0.041 毫克/千克，砷 7.9 毫克/千克。本海区水质符合渔业水质标准，沉积物符合海洋沉积物质量一类标准，适合海水养殖要求。

（2）生物资源条件：海水中叶绿素 a 浓度 5.72×10^{-3}毫克/升。夏季浮游植物出现 40 种，密度 1.03×10^{5} 个细胞/升，优势种是菱形海线藻（占 45.2%）、脆根管藻（*Rhizosolenia fragilissima*）（占 17.2%）等。底栖生物出现 13 种，密度 85 个/米^{2}，生物量 42.32 克/米^{3}，优势种豆形短眼蟹（*Xenophthalmus pinnotheroides*）、异足索沙蚕（*Lumbrinereis heteropoda*）等。

（3）生态环境适宜性：本潜在养殖区属近岸开放性海域，海水水质良好，浮游植物丰富，可利用抗风浪的新型设施，开发藻类、鲍鱼筏式养殖。

（4）适宜养殖种类：鲍鱼、紫菜、江蓠、羊栖菜。

（五）旧镇湾口潜在筏式养殖区

1. 下蔡浅海筏式养殖区

选划面积 703 公顷，地理位置为以下 4 点连线海域：①117°41′25.1″E、23°56′33.3″N；②117°42′21.0″E、23°56′21.2″N；③117°40′00.1″E、23°54′29.8″N；④117°39′02.7″E；23°54′42.6″N（图 5-14）。

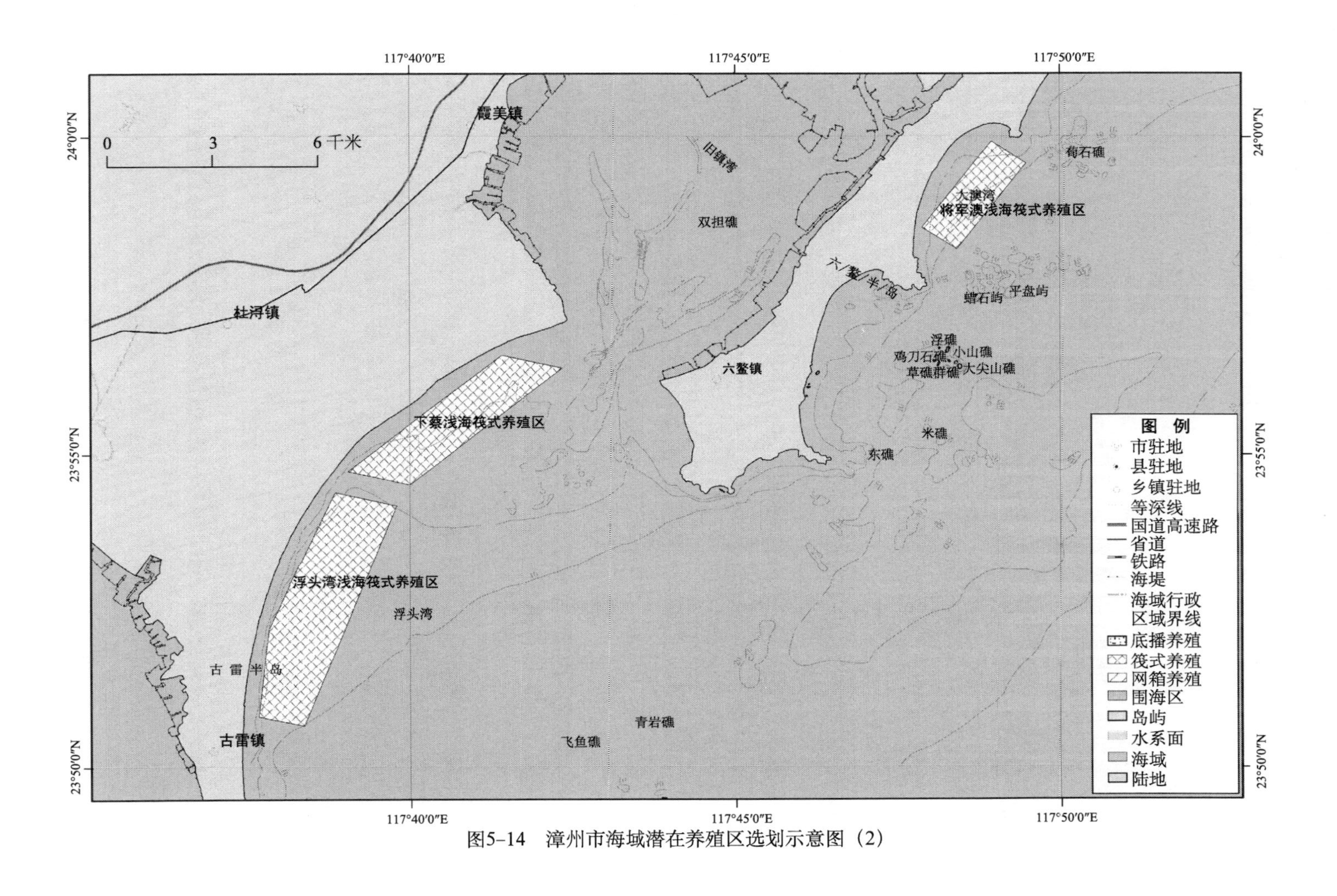

图5-14 漳州市海域潜在养殖区选划示意图（2）

2. 浮头湾浅海筏式养殖区

选划面积1164公顷，地理位置为以下5点连线海域：①117°38′51.2″E、23°54′22.3″N；②117°39′47.8″E、23°54′09.3″N；③117°38′22.3″E、23°50′38.8″N；④117°37′40.1″E、23°50′47.5″N；⑤117°37′49.6″E、23°52′11.7″N（图5-14）。

（1）环境条件：海域水深2～10米，底质为沙。海水pH 8.09～8.18，悬浮物含量6.3～32.2毫克/升，溶解氧5.44～8.13毫克/升，无机氮0.11～0.33毫克/升，活性磷酸盐0.005～0.029毫克/升。该海域沉积物的硫化物含量6.37毫克/千克，有机质0.15%，油类20毫克/千克，汞0.039毫克/千克，铜4.99毫克/千克，铅36.0毫克/千克，锌56.0毫克/千克，镉0.042毫克/千克，砷2.37毫克/千克。本海区水质符合渔业水质标准，沉积物符合海洋沉积物质量一类标准，适合海水养殖要求。

生物资源条件：海水中叶绿素a浓度4.24×10^{-3}毫克/升，脱镁叶绿素a浓度5.20×10^{-4}毫克/升。夏季浮游植物出现24种，密度6.26×10^{5}个细胞/升，优势种旋链角毛藻、菱形海线藻、优美菱形藻等。夏季浮游动物出现34种，密度120.31个/米^3，优势种齿形海萤、真哲水蚤幼体、美丽箭虫等。底栖生物出现28种，密度210个/米^2，生物量10.1克/米^2，优势种奇异稚齿虫、塞切尔泥钩虾、模糊新短眼蟹等。

（2）生态环境适宜性：本潜在养殖区属近岸开放性海域，海水水质良好，浮游植物丰富，可利用抗风浪的新型设施，开发藻类、贝类筏式养殖。

（3）适宜养殖种类：鲍鱼、牡蛎、紫菜、江蓠、羊栖菜。

（六）诏安湾口海域潜在养殖区

1. 城洲岛浅海筏式养殖区

选划面积537公顷，地理位置为以下4点连线海域：① 117°15′39.4″E、23°34′53.9″N；② 117°17′43.1″E、23°34′41.0″N；③ 117°17′36.2″E、23°33′51.9″N；④ 117°15′32.6″E、23°34′05.1″N（图5-15）。

2. 宫口湾浅海筏式养殖区（西区）

选划面积462公顷，地理位置为以下4点连线海域：① 117°11′55.2″E、23°35′49.9″N；② 117°13′11.0″E、23°35′44.2″N；③ 117°13′03.7″E、23°34′33.2″N；④ 117°11′50.7″E、23°34′40.0″N（图5-15）。

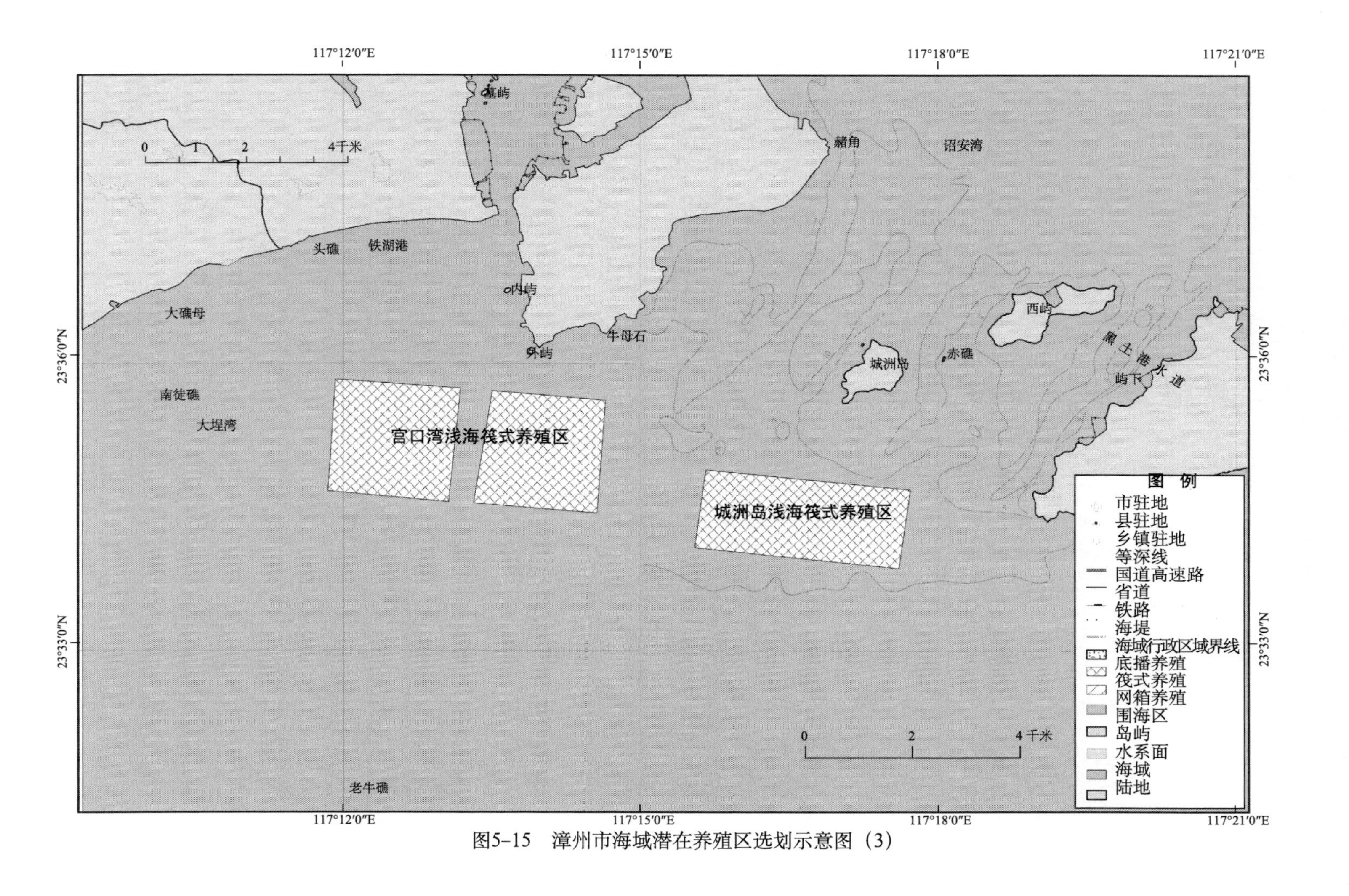

图5-15 漳州市海域潜在养殖区选划示意图（3）

3. 宫口湾浅海筏式养殖区（东区）

选划面积445公顷，地理位置为以下4点连线海域：①117°13′30.1″E、23°35′42.7″N；② 117°14′38.6″E、23°35′36.8″N；③ 117°14′33.5″E、23°34′26.3″N；④ 117°13′18.8″E、23°34′32.4″N（图5-15）。

（1）环境条件：海域水深5～10米，沉积物为泥。海水pH 8.09～8.43，悬浮物含量4.0～20.6毫克/升，溶解氧6.06～9.34毫克/升，无机氮0.03～0.25毫克/升，活性磷酸盐0.001～0.033毫克/升，总有机碳1.03～2.20毫克/升，油类1.21×10^{-2}～2.77×10^{-2}毫克/升，砷1.80×10^{-3}～3.00×10^{-3}毫克/升，汞1.40×10^{-5}～1.80×10^{-5}毫克/升，铜3.56×10^{-4}～4.73×10^{-4}毫克/升，镉4.00×10^{-6}～3.30×10^{-5}毫克/升，锌4.04×10^{-4}～9.80×10^{-4}毫克/升。本海区水质符合渔业水质标准，适合海水养殖要求。

（2）生物资源条件：海水中叶绿素a浓度7.93×10^{-3}毫克/升，脱镁叶绿素a浓度5.27×10^{-3}毫克/升。夏季浮游植物出现23种，密度2.13×10^{7}个细胞/升，优势种优美菱形藻、环纹劳德藻（*Lauderia annulata*）等。夏季浮游动物出现47种，密度310个/米^3，优势种真哲水蚤幼体、肥胖箭虫、球形侧腕水母等。底栖生物出现17种，密度155个/米^2，生物量2.1克/米^2，优势种纽虫（*Nemertinea* und.）、独毛虫、奇异稚齿虫等。

（3）生态环境适宜性：本潜在养殖区属湾口开放性海域，海水水质良好，浮游植物丰富，可利用抗风浪的新型设施，开发藻类、贝类筏式养殖。

（4）适宜养殖种类：鲍鱼、牡蛎、紫菜、江蓠、羊栖菜。

第四节　选划结果及与海洋功能区划符合性分析

选划新型潜在海水养殖区26处，总面积36 843公顷。其中筏式养殖区21 799公顷，底播养殖区4035公顷，网箱养殖区11 009公顷。宁德市海域选划面积15 414公顷，福州市11 743公顷，莆田市2687公顷，泉州市1858公顷，漳州市5141公顷（表5-1）。

表 5-1　福建海域新型潜在养殖区选划表

海域	选划区	养殖模式	面积/公顷	底质	适宜养殖种类
宁德市海域	福鼎冬瓜屿海域潜在筏式养殖区	筏式养殖	1230	泥	紫菜、鲍鱼、海参、牡蛎、海带
	福鼎晴川湾海域潜在筏式养殖区	筏式养殖	2495	泥	紫菜、鲍鱼、海参、牡蛎、海带
	福鼎大嵛山西北海域潜在网箱养殖区	网箱养殖	1959	泥	大黄鱼、真鲷、黑鲷、青石斑鱼、黄姑鱼、鲍鱼、海参
	福宁湾潜在筏式养殖区	筏式养殖	7235	泥	紫菜、鲍鱼、海参、牡蛎、海带
	大京海域潜在筏式养殖区	筏式养殖	1042	泥	紫菜、鲍鱼、海参、牡蛎、海带
	浮鹰岛海域潜在网箱养殖区	网箱养殖	1453	泥	大黄鱼、真鲷、黑鲷、青石斑鱼、黄姑鱼、鲍鱼、海参
福州市海域	东洛岛海域潜在网箱养殖区	网箱养殖	1064	泥	大黄鱼、真鲷、黑鲷、青石斑鱼、黄姑鱼、海参
	苔菉海域潜在网箱养殖区	网箱养殖	892	泥	大黄鱼、真鲷、黑鲷、青石斑鱼、黄姑鱼、鲍鱼、海参
	黄岐海域潜在网箱养殖区	网箱养殖	1997	泥	大黄鱼、真鲷、黑鲷、青石斑鱼、黄姑鱼、鲍鱼、海参
	粗芦岛潜在滩涂养殖区	底播养殖	578	泥	缢蛏、牡蛎、青蟹
	南猫岛海域潜在底播养殖区	底播养殖	715	沙	西施舌、江珧、花蛤
	下沙海域潜在底播养殖区	底播养殖	1256	沙	西施舌、江珧、花蛤
	长江澳海域潜在网箱养殖区	网箱养殖	1596	沙	真鲷、黑鲷、黄鳍鲷、青石斑鱼、赤点石斑鱼、黄姑鱼、海参、鲍鱼
	塘屿岛海域潜在网箱养殖区	网箱养殖	1794	泥沙	真鲷、黑鲷、黄鳍鲷、青石斑鱼、赤点石斑鱼、黄姑鱼、海参、鲍鱼
	目屿浅海筏式养殖区	筏式养殖	1851	泥	紫菜、海带、鲍鱼、海参、江蓠
莆田市海域	平海湾海域潜在筏式养殖区	筏式养殖	2096	泥	紫菜、鲍鱼、海参、江蓠、牡蛎
	湄洲下山海域潜在筏式养殖区	筏式养殖	337	泥	紫菜、海带、鲍鱼、海参、江蓠
	小碇岛海域潜在网箱养殖区	网箱养殖	254	泥沙	真鲷、黑鲷、黄鳍鲷、青石斑鱼、赤点石斑鱼、黄姑鱼、海参、鲍鱼
泉州市海域	山龙屿浅海筏式养殖区	筏式养殖	1047	泥沙	紫菜、鲍鱼、海参、江蓠、牡蛎
	浮山浅海筏式养殖区	筏式养殖	811	沙	紫菜、鲍鱼、海参、江蓠、牡蛎

续表

海域	选划区	养殖模式	面积/公顷	底质	适宜养殖种类
漳州市海域	牛头山浅海底播养殖区	底播养殖	402	沙	紫菜、鲍鱼、江蓠、羊栖菜
	林进屿浅海底播养殖区	底播养殖	509	沙	紫菜、鲍鱼、江蓠、羊栖菜
	佛坛湾口潜在底播养殖区	底播养殖	575	沙	紫菜、鲍鱼、江蓠、羊栖菜、青蛤
	将军澳潜在筏式养殖区	筏式养殖	344	沙	紫菜、鲍鱼、江蓠、牡蛎、羊栖菜
	旧镇湾口潜在筏式养殖区	筏式养殖	1867	沙	紫菜、鲍鱼、江蓠、牡蛎、羊栖菜
	诏安湾口海域潜在养殖区	筏式养殖	1444	泥	紫菜、鲍鱼、江蓠、牡蛎、羊栖菜

与现有传统养殖区相比，选划区普遍存在浪大流急的特点，但随着近年新技术的发展，新技术、新品种、新材料的出现，如抗风浪网箱、消波堤、耐流新品种等，潜在海水养殖区的利用将成为可能。

2007年版沿海各设区市海洋功能区划图层与福建海域新型潜在海水养殖区选划图层进行叠加比对，各选划区域范围基本符合海洋功能区划。

第六章

福建新型潜在人工增殖区选划

第一节　福建海水增殖现状评价

一、福建增殖放流现状

福建省海洋与渔业厅从20世纪80年代初开始，每年都在沿海重要水域组织开展经济品种、珍稀濒危物种增殖放流活动。放流增殖的经济品种共有14种，放流总数量34.05亿。其中，放流增殖的经济种类有大黄鱼、真鲷、黑鲷、黄鳍鲷、花尾胡椒鲷、鲈鱼、双斑东方鲀、长毛明对虾、中国明对虾（*Fenneropenaeus chinensis*）、日本囊对虾、海蜇（*Rhopilema esculenta*）、九孔鲍（杂色鲍），底播增殖的经济种类有方斑东风螺、菲律宾蛤仔和波纹巴非蛤，放流增殖的珍稀濒危物种有中华鲟（*Acipenser sinensis*）、中国鲎（*Tachpleus tridentatus*）、文昌鱼（*Branchiostoma belcheri*）、西施舌（*Mactra antiquata*，俗称海蚌）5种，放流总数量181.31万尾（粒、片）（表6-1）。

表6-1　福建沿海水域增殖放流状况

放流海区	放流时间	放流品种	放流数量/［$\times 10^4$（尾、粒、片）］
沙埕港	2007年	鲈鱼	56.6
三沙湾	1987～2004年	大黄鱼	200
	2005～2009年	大黄鱼	640
	1986～1995年	中国明对虾	130 000
罗源湾	1989～1990年	长毛明对虾	23 248.6
	1998～2008年	长毛明对虾	60 000
	2004年	海蜇	60
	2007年	真鲷	100
	2009年	大黄鱼	102
闽江口漳港	2005年	西施舌	10
平潭东痒岛	2005年	九孔鲍	13.29
莆田南日岛	2005年	九孔鲍	17.53
平海湾	2005年	长毛明对虾	5 651
湄洲湾乐屿	2007年	菲律宾蛤仔	1 809

续表

放流海区	放流时间	放流品种	放流数量/[×10⁴(尾、粒、片)]
泉州湾	2005～2006年	双斑东方鲀	104.5
	2007年	黑鲷	30
	2008年	长毛明对虾	2 000
	2008年	黑鲷	11
厦门湾（厦门市海域）	2003～2008年	长毛明对虾	77 000
		日本囊对虾	24 000
		黄鳍鲷	205
		真鲷	24
		大黄鱼	12
		中国鲎	141
		文昌鱼	30
九龙江口	2001～2009年	中华鲟	3 110
九龙江口	2001～2009年	黄鳍鲷	2
九龙江口	2001～2009年	长毛明对虾	6 000
漳州港	2005年	双斑东方鲀	65
漳州港	2006年	真鲷	9.4
漳州港	2007年	花尾胡椒鲷	53
漳州港	2008年	黑鲷	35
东山湾	2005年	长毛明对虾	5 800
东山湾中部	2005年以来	波纹巴菲蛤	数量不详
东山岛东侧不流屿	2005年	九孔鲍	14.97
诏安湾	2007年	方斑东风螺	71
	2010年	黑鲷	60
	2010年	黄鳍鲷	20

通过连续多年的增殖放流，日本囊对虾、长毛明对虾、大黄鱼、双斑东方鲀、黄鳍鲷、真鲷、黑鲷、花尾胡椒鲷、鲈鱼、方斑东风螺、波纹巴菲蛤、九孔鲍、中国鲎、文昌鱼等放流物种资源状况明显好转，资源量有所回升，产生较好经济、社会及生态效益。例如，1986～1995年在三沙湾东吾洋和三都澳水域放流中国明对虾仔虾苗种13亿尾，共回捕中国明对虾1191.76吨，投入产出比为1∶5.54，取得了良好的放流效果和显著的经济效益，放流仔虾苗种既可减少中间暂养环节，又可降低增殖放流成本，并能带动我国对虾仔虾苗种放流事业的发展；1998～2005年连续8年在罗源湾开展长毛明对虾人工增殖放流，累计投放对虾苗4.5亿尾，投入资金240万元，产量以每年9.4%递增，共回捕长毛明对虾516吨，创经济总效益约3000万元，投入产出比为1∶12；2005年以来，福建连续8年在三沙湾官井洋、罗源湾海域投放2448万尾野生大黄鱼子一代苗种，据调查显示，近年每年湾内捕捞的大黄鱼近200吨，比前几年有明

显增加。

二、 福建人工鱼礁建设现状

福建沿海地区人工鱼礁建设最早始于1985年东山湾湾口投放的第一组人工鱼礁，共投放废旧木质船礁4艘、三角框架型和层洞型钢筋混凝土礁体400块。而后，由于国情所限和对人工鱼礁建设认识上的不足，全国沿海人工鱼礁的试验研究与投放工作中止了10多年。2000年起，随着人们对资源与环境保护意识提高，以及国家综合国力的增强，在各级政府的重视之下，人工鱼礁的试验研究与大规模建设工作迅速在全国沿海地区开展。2000～2002年，福建先后在三沙湾的斗帽岛南部、诏安湾的城洲岛东部开展二期小规模的人工鱼礁建设，投放的礁体以废旧木质渔船为主，辅以一定数量的橡皮轮胎、石块等。厦门市于2008年7月也首次在五缘湾投放21艘木质渔船和石块，构成人工鱼礁礁区，沉船礁区拟建成开放性休闲垂钓场所。2007～2009年，福建利用农业部海洋捕捞转产转业专项资金，继续在三沙湾的斗帽岛南部、诏安湾的城洲岛东部扩大投礁规模，共投放钢筋混凝土礁体462块，块体空方总体积7840米^3。2010年，福建正式立项，拟在莆田市南日岛周边海域开展人工鱼礁一期工程建设，投礁规模预计块体空方总体积在4000米^{3}左右。然而，从全国沿海省份的人工鱼礁建设情况看，福建在科研资金投入和投礁规模方面仍处于较低水平。

根据福建东山湾湾口、三沙湾的斗帽岛南部和诏安湾的城洲岛东部投礁前后的对比调查结果，增殖区投放人工鱼礁后普遍取得了良好的增殖效果。东山湾湾口礁区鱼礁投放一年后，礁体上附着的节肢动物、软体动物、棘皮动物、腔肠动物、环节动物和藻类等附着生物的平均分布密度达到24.0千克/米^2；钓捕人均每小时渔获量由原来的210克增加至1565克；石斑鱼渔获量的比例由原来的5.2%增加至42.0%。2000年以来，福建在三沙湾斗帽岛南部、诏安湾城洲岛东部的人工鱼礁投放试验，也普遍取得了良好的增殖效果。自投放人工鱼礁后，礁区优质种类的比例明显增多，鱼类种类数量和产量也均有较大幅度的增长。实践证明，除了具有集鱼、增殖渔业资源、优化海区资源结构、保护海洋生物多样性及其生态环境等多种功能与作用外，人工鱼礁对建设海洋牧场、调整海洋渔业产业结构、促进海洋产业的优化升级、带动滨海旅游业和休闲渔业等相关产业的发展、充分利用海洋国土资源等方面也均具有十分重要的作用并产生显著的综合效益。为了减轻和控制人类活动对海洋生态系统的损害，维护生态平衡和生态系统的良性循环，促进海洋生物资源的繁殖保护和可持续利用，必须进一步加强人工鱼礁建设。

三、 福建水产种质资源保护区现状

官井洋大黄鱼国家级水产种质资源保护区是福建海域唯一的国家级水产种质资源保护区。保护区地处三沙湾湾内的官井洋，保护区中心位于119°45′E至119°55′E、26°25′N至26°49′N之间，即斗帽岛—鸡公山岛 东冲水道南端—东冲半岛西部（原民间俗称官井洋一带）—青山岛东部、东冲半岛南部及三都湾内外水域。保护区包括1个核心区和2个实验区，由23个拐点连线而成，总面积1.9万公顷，其中核心区面积3500公顷，实验区面积1.55万公顷。核心区特别保护期为每年3～12月，主要保护对象为大黄鱼，以及栖息分布于保护区内的带鱼、鳓鱼、马鲛、鲳鱼、鳀鱼、海鳗、对虾、毛虾、青蟹等经济种类。

官井洋大黄鱼国家级水产种质资源保护区的保护措施有：①实施禁渔区和禁渔期，以法律形式保护大黄鱼产卵场和大黄鱼稚幼鱼的栖息生长场所；②长期实施大规模的大黄鱼幼鱼苗种人工放流增殖；③在大黄鱼的产卵场、幼鱼索饵场和洄游主要通道取缔定置网和流刺网作业；④开展大黄鱼种质保存技术研究，建立遗传基因库，保存天然大黄鱼种质资源；⑤在保护区设立界碑、界标、警示牌和宣传栏、贴放海报，通过电视报纸等传播媒体的宣传教育活动，提高公众保护大黄鱼资源的意识。

四、 福建海洋自然保护区现状

福建地处亚热带，同时受南下江浙和北上的黑潮暖流支梢和南海沿岸水等多种海流的影响，赋予了福建海域具有海洋生物多样性的特点。福建海域记载生物共有3312种，其中包括中华白海豚、文昌鱼、中国鲎、红树林、珊瑚等一批国家珍稀海洋野生水生动植物。

为保障海洋经济健康、有序的发展，福建加强了海洋生态保护和海洋综合管理，加快了海洋自然保护区的建设步伐。迄今为止，福建全省已建立海洋自然保护区11个，海洋生态特别保护区3个（其中国家级3个、省级5个、市级5个、县级1个），保护区总面积122 129公顷。国家级自然保护区有：厦门海洋珍稀物种自然保护区，保护的种类有中华白海豚、文昌鱼和白鹭；深沪湾海底古森林遗迹自然保护区，保护对象为古树桩和牡蛎礁；漳江口红树林自然保护区，保护对象为红树林生态系统。省级保护区有：宁德官井洋大黄鱼繁殖保护区、长乐海蚌资源繁殖保护区、龙海红树林自然保护区、东山珊瑚自然保护区和泉州湾河口湿地自然保护区。市级保护区有：福鼎台山列岛自然保护区，平海海滩、沙丘岩自然保护区，宁德市海洋生态特别保护区，平潭岛礁海洋生态特别保护区和湄洲岛海洋生态特别保护区。县级保护区为漳浦县莱屿列岛自然保护区。详见表6-2。

表6-2　福建海洋自然保护区一览表

序号	地区	保护区名称	地理位置	面积/公顷	保护对象	级别	类别	批准时间
1	宁德	宁德官井洋大黄鱼繁殖保护区	宁德、福安交界海域	31 464	大黄鱼	省级	野生动物	1985年
2	宁德	福鼎台山列岛自然保护区	福鼎台山列岛	7 300	森林植被、生物资源	市级	自然生态系统	1997年
3	宁德	宁德市海洋生态特别保护区	闽东海域	22 926	尖刀蛏、龟足等	市级	自然生态系统	2002年
4	福州	长乐海蚌资源繁殖保护区	长乐梅花至江田海域	4 660	海蚌	省级	野生动物	1985年
5	福州	平潭岛礁海洋生态特别保护区	平潭岛周边海域	16 310	中国鲎、仙女蛤、坛紫菜等	市级	自然生态系统	2003年
6	莆田	平海海滩、沙丘岩自然保护区	莆田平海	20	海滩岩沙丘岩	市级	地质遗址	1997年

续表

序号	地区	保护区名称	地理位置	面积/公顷	保护对象	级别	类别	批准时间
7	莆田	湄洲岛海洋生态特别保护区	湄洲岛及周围海域	9 990	海蚀地貌、沙滩	市级	自然生态系统	2008年
8	泉州	深沪湾海底古森林遗迹自然保护区	晋江深沪	2 700	古树桩牡蛎礁	国家级	自然遗迹	1992年
9	泉州	泉州湾河口湿地自然保护区	泉州湾	7 009	红树林、珍稀鸟类	省级	自然生态系统	2009年
10	厦门	厦门珍稀物种自然保护区	厦门海域	12 000	中华白海豚、文昌鱼、白鹭	国家级	野生动物	1997年
11	漳州	龙海红树林自然保护区	龙海浮宫、紫泥、角尾、港尾	200	红树林生态	省级	自然生态系统	1988年
12	漳州	东山珊瑚自然保护区	东山县马銮湾、金銮湾	3 570	珊瑚	省级	野生生物	1997年
13	漳州	漳浦县莱屿列岛自然保护区	漳浦县莱屿列岛	2 680	红菜、海胆、龙虾	县级	野生生物	2000年
14	漳州	漳江口红树林自然保护区	云霄县东厦镇	1 300	红树林生态	国家级	自然生态系统	2003年

海洋生态特别保护区的设立，主要是为了保护具有地方特色的海洋经济品种及海洋生物多样性。例如，宁德市海洋生态特别保护区 由官井洋大黄鱼繁殖保护区、台山列岛厚壳贻贝繁育保护区、福宁湾尖刀蛏繁育保护区、西洋岛龟足繁育保护区、福瑶列岛海岛生态系统保护区（海域保护品种为细角螺、东风螺等）、日屿海岛生态系统保护区（海域保护种类为带鱼、海鳗、大黄鱼、鳀鱼、梭子蟹、贻贝、龟足等）6个片区组成；福州市平潭岛礁海洋特别保护区由海坛湾仙女蛤繁育特别保护区、东甲列岛坛紫菜繁育特别保护区、山洲列岛厚壳贻贝繁育特别保护区、中国鲎特别保护区、牛山岛生态系统特别保护区（海域保护对象主要为大黄鱼产卵场）、塘屿列岛海洋特别保护区（海域保护品种为带鱼、海鳗、梭子蟹等）6个片区组成。海洋生态系统特别保护区的设立，对于保护具有地方特色的海洋经济品种、海洋珍稀物种、海洋生物资源和海上自然景观，实现海洋经济效益、社会效益和生态效益的和谐统一具有十分重要的意义。

第二节 福建新型潜在人工增殖区选划

一、 福建海洋经济生物增殖区

(一) 兴化湾缢蛏增殖区

1. 分布范围

兴化湾缢蛏增殖区位于湾内西北部，三面临山，一面临海，主要分布于哆头—东澳一带潮间带滩涂水域。缢蛏增殖区面积为2647.7公顷，主要由三江口镇和江口镇滩涂水域构成。其中，三江口镇生产性苗埕开发利用的面积年间变动于380～420公顷；低潮区亲贝面积年间变动于8～30公顷（表6-3、图6-1）。

表 6-3 兴化湾缢蛏增殖区分布范围

序号	拐点坐标	序号	拐点坐标
1	25°28′31.80″N、119°12′50.4″E	13	25°24′04.68″N、119°08′06.0″E
2	25°27′56.16″N、119°13′19.2″E	14	25°26′28.68″N、119°08′52.8″E
3	25°27′39.96″N、119°13′44.4″E	15	25°27′19.08″N、119°10′19.2″E
4	25°27′12.96″N、119°13′26.4″E	16	25°27′33.12″N、119°10′12.0″E
5	25°26′29.40″N、119°11′09.6″E	17	25°27′34.56″N、119°10′19.2″E
6	25°25′44.04″N、119°09′57.6″E	18	25°27′22.32″N、119°10′40.8″E
7	25°25′03.36″N、119°09′50.4″E	19	25°27′37.44″N、119°11′16.8″E
8	25°23′55.32″N、119°09′21.6″E	20	25°27′50.76″N、119°11′16.8″E
9	25°23′31.20″N、119°08′31.2″E	21	25°28′03.36″N、119°12′10.8″E
10	25°23′29.40″N、119°08′13.2″E	22	25°28′18.48″N、119°12′39.6″E
11	25°24′05.04″N、119°07′51.6″E	23	25°28′28.20″N、119°12′36.0″E
12	25°24′07.92″N、119°07′55.2″E		

2. 生态环境

兴化湾缢蛏增殖区为缢蛏繁育场所，三面临山，一面临海，滩涂水域风平浪静、潮流畅通，滩涂平坦，底质淤泥层厚、含砂量低，非常适宜缢蛏的繁衍生长。兴化湾常年受木兰溪径流及陆域带来的大量淡水和各种营养物质的影响，十分有利于海洋硅藻的生长。这些丰富的单细胞硅藻可为缢蛏提供充足饵料，

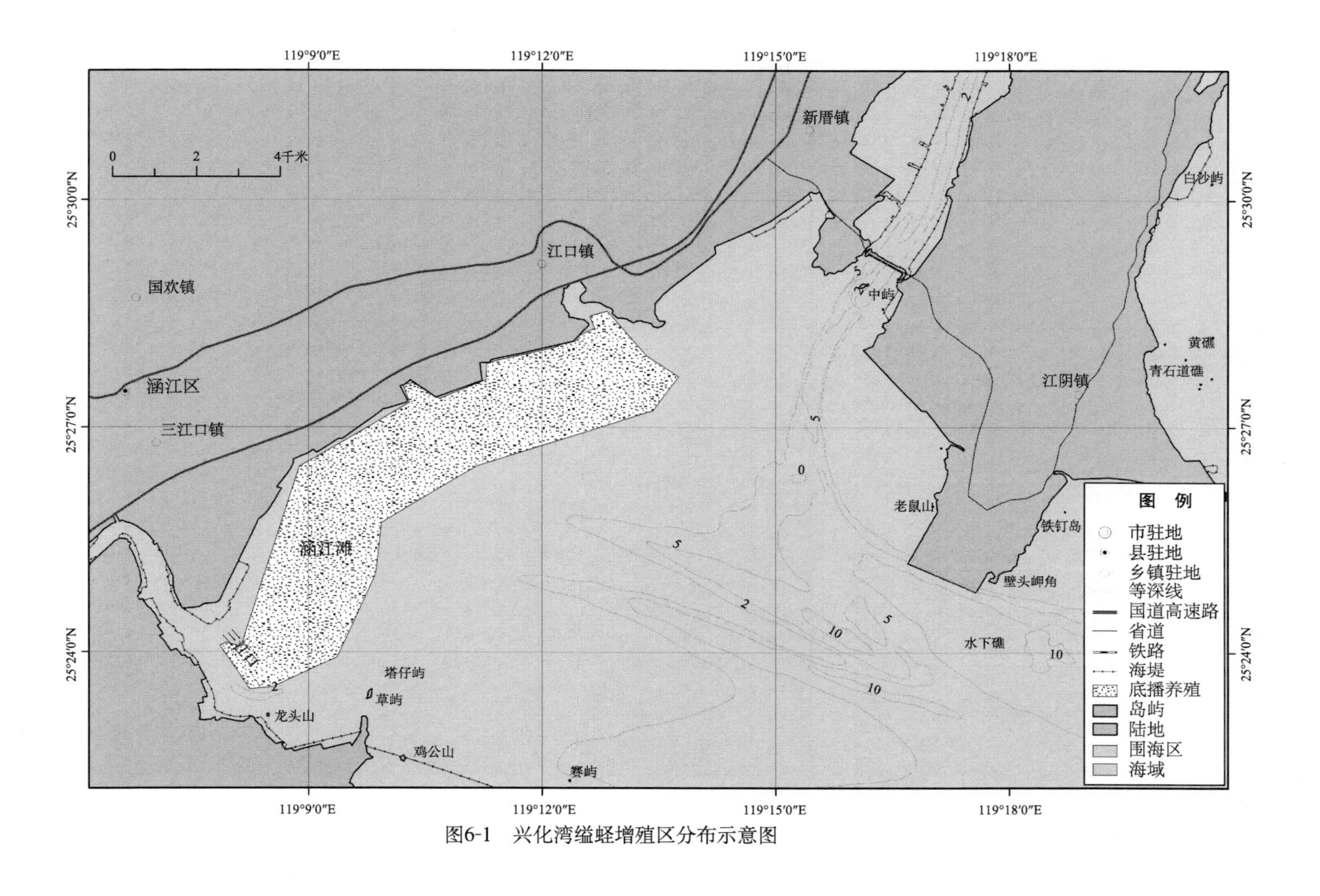

图6-1　兴化湾缢蛏增殖区分布示意图

从而使兴化湾成为缢蛏的重要繁育场所。但随着海洋经济的快速发展和沿海开发强度的增大，工业污水已造成兴化湾缢蛏繁育区局部水域生态环境严重恶化。随着兴化湾木兰溪沿岸三江口化肥厂、包装袋造纸厂等工厂相继投产，工厂污水排放对缢蛏繁育期内处于浮游阶段的幼体成活和附着产生了严重影响。2006年以来，邻近包装袋造纸厂的京山村、郭山村和哆中村蛏苗埕的苗种连续多年全部死亡，其他村庄的蛏苗埕也受到不同程度的严重影响。150公顷苗埕已连续4年出现绝收的严重局面，缢蛏繁育区适宜生存面积大为缩小。

此外，2005年以来随着垦区蓄水投饵养殖大弹涂鱼（Boleophthalmus pectinirosris）技术的迅速推广应用，兴化湾缢蛏繁育区滩涂水域的高潮区大量开发成为大弹涂鱼养殖区。由于局部地区大弹涂鱼养殖区过度集中，截留使用大量本应入海的淡水，造成淡水径流入海量大为减少，中潮区缢蛏苗埕盐度上升，蛏苗生存环境恶化，蛏苗资源密度日渐稀疏。例如，2007年兴化湾哆中村、京山村、杨芳村、鳌山村共有71.2公顷苗埕受到大弹涂鱼养殖区的严重影响，蛏苗资源密度非常稀疏，从而失去生产性采捕价值，苗埕绝收面积占苗埕总面积的24.6%。

3. 资源评析

兴化湾缢蛏繁育区的滩涂非常平坦，高潮区至低潮区的斜度非常小。因此，分布于高潮区的缢蛏蓄水养殖区每半个月仅有大潮期间的5天可换水，而且换水量很小，在缢蛏繁殖季节，高潮区的亲贝数量无法满足中潮区苗埕附苗的需要，分布于中潮区苗埕的附苗量主要取决于中潮区底部亲贝养殖区的亲贝数量。由于兴化湾现行体制是养殖区由众多个体养殖户独立经营管理，滩涂水域缢蛏亲贝养殖面积年间变动大，亲贝资源量极不稳定，由此造成蛏苗埕年间附苗量波动大，蛏苗产量一直不太稳定。

根据2006年12月27日至2008年3月14日取样4批次的测算，刮土洗苗后的产量中，蛏苗采捕重量占总生物量的95.05%、蛏苗以外的其他海洋生物（光滑河蓝蛤、青蛤、明细白樱蛤、中华蟹守螺、梯螺等20个品种）占4.50%。蛏苗采捕率如按95%计算，并将兴化湾蛏苗埕各个时间段生产性的采捕面积与调查片区实际的资源密度来评估苗种的资源量，结果可得出：2006年兴化湾缢蛏苗种的资源量为258.7吨，2007年的为480.2吨。

4. 增殖措施

（1）增殖技术

兴化湾缢蛏繁育区内亲贝资源数量的多少往往直接关系到蛏苗产量的丰歉。因此，可在兴化湾缢蛏增殖区的中低潮区有计划地组织实施苗种底播增殖，以保障缢蛏繁育区苗埕的蛏苗附着数量，增殖兴化湾缢蛏苗种资源。即在兴化湾缢蛏增殖区的中低潮区按不同片区、不同时间段、不同规格移植底播一定数量缢蛏苗种，并将其培育至发育成熟的亲贝，使各增殖区缢蛏亲体性腺发育成熟的时间不同步，以延长增殖区内缢蛏亲体的产卵排放时间，确保兴化湾缢蛏繁育区有较长的缢蛏幼体附着时间，从而保障繁育区内有充足的附苗量，达到增殖滩涂水域缢蛏资源的目的。

（2）增殖规模

根据“福建近海经济海洋生物苗种资源调查（2007年）”，按照兴化湾缢蛏繁育区的面积，亲贝增殖区苗种底播面积控制在17公顷，即可满足兴化湾缢蛏繁育区正常年份附苗量的需求。

（3）实施季节

在每年1～3月缢蛏苗种生产季节，采用淌苗袋挂土洗苗的方法，从兴化湾缢蛏繁育区中潮区苗埕中，采捕规格为≤1800粒/千克的蛏苗，将其移植底播至中潮区下半区至低潮区，蛏苗底播密度控制在3000千克/公顷左右。

（4）运作方式

据测算，17公顷亲贝增殖区每年投苗量为50吨，需投入苗种资金约100万元。为鼓励当地养殖户留足亲贝，扶持缢蛏增养殖业的可持续发展，建议由政府从苗种增殖放流专项经费中，每年划拨25.5万元作为兴化湾缢蛏繁育区亲贝底播增殖补贴费。具体的运作方法为当地政府与养殖户签定缢蛏亲贝培育合同，委托养殖户于每年1～3月在缢蛏亲贝培育区实施苗种底播增殖，当地政府负责缢蛏苗种增殖补贴费，养殖户负责日常管理和支付养殖区租金，至翌年4月缢蛏亲贝向滩涂水域排卵增殖的繁殖季节结束后，亲贝归养殖户所有。

5. 预期目标

实施亲贝增殖计划后，预计第一年海区苗种资源的增殖潜力可达100吨、第二年增殖潜力可达150吨、第三年增殖潜力可达175吨，三年累计苗种资源的增殖潜力可达425吨，增创产值850万元。预计亲贝增殖计划可使兴化湾缢蛏繁育区滩涂水域缢蛏苗种资源量维持在较高的水平，满足当地养殖户对天然海区缢蛏苗种的需求。

6. 效益分析

预计实施亲贝增殖计划后，三年兴化湾缢蛏繁育区的缢蛏亲贝产量可达220吨，实现产值176万元；苗种增殖425吨，增创产值850万元；三年平均资金投入与产出为1∶3.42。预计兴化湾缢蛏繁育区可多安置劳动力50人，增加就业机会，并带动缢蛏苗种、缢蛏养殖和商品蛏的产业发展。由此可见，实施亲贝增殖计划可有效地解决缢蛏繁育区滩涂水域亲贝资源数量长期不足，蛏苗产量年间起伏波动大、产量低这一制约缢蛏养殖业稳定发展的瓶颈，促进缢蛏繁育区生态平衡和蛏苗资源的可持续利用，从而产生重大的经济效益、社会效益和生态效益。

7. 保障措施

主要的保障措施有以下几方面。

（1）严格控制围垦造地，保护繁育区生态环境

兴化湾缢蛏繁育区当前面临的最严重问题是繁育区缩小和滩涂水域污染日趋严重。因此，应严格控制在缢蛏繁育区内围垦造地，同时加强缢蛏繁育区邻近地区化肥厂、造纸厂污水排放的综合治理，强化水域生态保护管理，逐步减少人类活动对滩涂水域生态造成的破坏和损失。

（2）调整养殖布局，保护缢蛏苗埕生态环境

应对兴化湾缢蛏繁育区滩涂水域高潮区内的大弹涂鱼养殖区作出适当的调整，对于规模过度集中的区域应采取必要的工程和技术措施，以保障有充足的淡水正常流入中潮区蛏苗的生长栖息地，逐步恢复遭到破坏的水域生态环境，为缢蛏繁育区内的稚贝苗种创造良好的栖息和生长条件。

（3）实施亲贝养殖补贴政策，扶持缢蛏增养殖业的发展

兴化湾缢蛏繁育区内亲贝资源数量的多少直接关系到蛏苗产量的丰歉。因

此，建议实施亲贝增养殖补贴政策，扶持缢蛏增养殖业的可持续发展，如亲贝养殖补贴标准暂定为 1.5 万元/公顷，补贴面积控制在 17 公顷左右。

实施亲贝增养殖措施，可积极主动增殖缢蛏资源，提高资源利用效率，为渔民致富创造新的途径和空间。

（二）旧镇湾菲律宾蛤仔繁育区

1. 分布范围

花蛤分布很广，在我国沿海均有分布，最常见的种类有菲律宾蛤仔和杂色蛤，但无论从海区资源数量看，还从是养殖产量看均以菲律宾蛤仔占绝对优势。在福建沿海，菲律宾蛤仔分布面很广，数量分布以连江、长乐、福清、莆田和漳浦为多。旧镇湾菲律宾蛤仔繁育区地处湾内西部霞美镇霞美村下尾溪口中低潮区的砂泥质滩涂上。繁育区滩涂水域面积 356 公顷，风平浪静、潮流畅通并有下尾溪淡水注入，生态环境条件十分良好（表 6-4、图 6-2）。

表 6-4　旧镇湾菲律宾蛤仔增殖区分布范围

序号	拐点坐标	序号	拐点坐标
1	23°59′40.20″N、117°41′24.0″E	8	23°58′27.84″N、117°42′25.2″E
2	23°59′34.08″N、117°41′42.0″E	9	23°58′28.56″N、117°41′49.2″E
3	23°59′36.96″N、117°41′45.6″E	10	23°58′50.16″N、117°41′34.8″E
4	23°59′40.20″N、117°42′00.0″E	11	23°59′11.40″N、117°41′34.8″E
5	23°59′23.64″N、117°42′28.8″E	12	23°59′20.40″N、117°41′31.2″E
6	23°59′13.20″N、117°42′28.8″E	13	23°59′31.56″N、117°41′31.2″E
7	23°58′46.56″N、117°42′36.0″E	14	23°59′37.32″N、117°41′24.0″E

2. 生态环境

菲律宾蛤仔喜栖息在内湾风浪较小、潮流畅通并有淡水注入的中低潮区的砂泥质滩涂上。蛤仔幼苗多分布在风平浪静、潮流缓慢、流速在 10～40 厘米/秒、底质含砂量在 70%～80%的滩涂水域；大规格蛤仔多栖息于水域开阔、潮流畅通、流速在 40～100 厘米/秒、底质含砂量 80%左右的滩涂上。蛤仔倒立埋栖于 3～10 厘米深的砂泥中，营穴居生活。穴居深度随季节和个体大小而异，冬季和春季及个体大的潜居较深；秋季产卵后及小个体的潜居较浅。蛤仔在穴

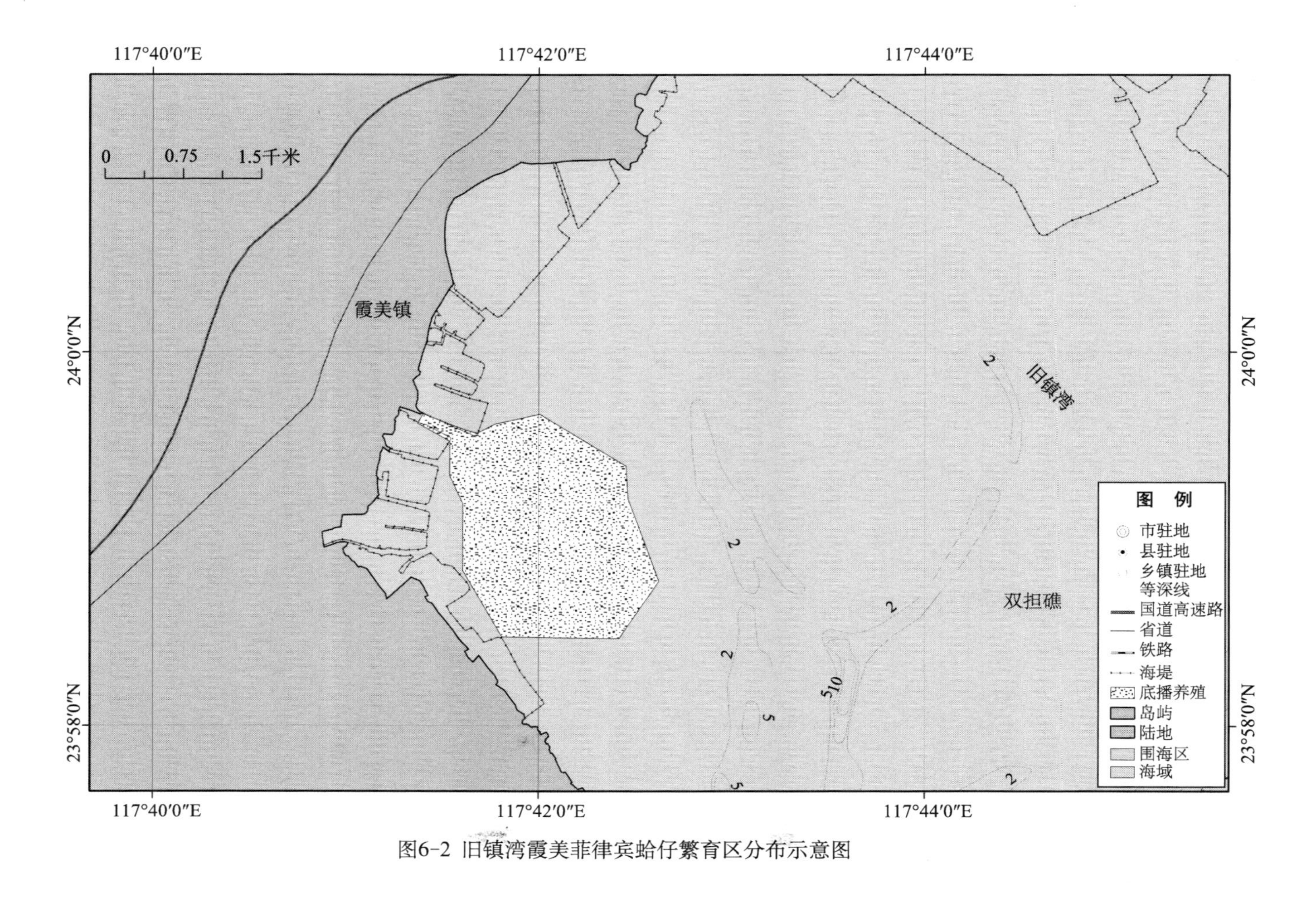

图6-2 旧镇湾霞美菲律宾蛤仔繁育区分布示意图

中随潮水涨落作上下升降运动。蛤仔对海水温度和盐度的适应能力很强，适应温度范围为5～35℃，以18～30℃为最适宜；适应盐度范围为10～35，最适盐度为20～26，对高盐度适应能力较强。

3. 资源评析

20世纪80年代初是旧镇湾霞美菲律宾蛤仔繁育区的资源鼎盛时期，年产量曾经达到500吨。但由于长期高强度的开发利用，目前菲律宾蛤仔资源数量已出现严重的衰退，近几年来年产量仅有60～70吨。根据“福建近海经济海洋生物苗种资源调查（2007）”，资源衰退除了与过度开采造成亲贝数量下降有关外，还与海水养殖区拓展侵占、局部海区潮流不畅引起底质泥化含砂量下降造成繁育区面积缩小有密切关系。在资源利用方面，虽然采捕成蛤在质量组成中占70％～80％，壳长小于20毫米幼蛤重量仅占总产量的20％～30％。但如从采捕数量组成上看，采捕幼蛤的数量占采捕总数量的90％以上。可见，旧镇湾霞美菲律宾蛤仔资源的利用很不合理。

4. 增殖措施

（1）实施禁捕，保护渔业资源

鉴于当前菲律宾蛤仔资源严重衰退局面，为了尽快恢复和增殖菲律宾蛤仔资源，在旧镇湾霞美菲律宾蛤仔繁育区范围内，连续三年实施全年禁止讨小海采捕活动。该措施预期可使菲律宾蛤仔资源得到养护生息和自然增殖，有利于今后资源的可持续利用，从而保障渔业生产者的长远权益，促进渔业生产持续健康地向前发展。

（2）实施苗种底播增殖

在每年1～3月菲律宾蛤仔的苗种底播养殖季节，可从莆田或厦门苗种培育场购买规格为1万～2万粒/千克的菲律宾蛤仔苗种，将其底播至旧镇湾霞美菲律宾蛤仔繁育区的低潮区至浅海区域。蛤苗底播密度控制在500千克/公顷左右，增殖区苗种底播面积控制在20公顷，以满足繁育区正常年份对蛤苗资源量的需求。

5. 预期目标

实施苗种底播增殖计划后，预计第二年海区资源的增殖潜力可达70吨，第三年可增殖至225吨，第四年可增殖至450吨。如果加上原有滩涂海域经过三年禁捕增殖的资源，预计资源增殖总量可达750吨以上，繁育区资源密度增殖平均可达2吨/公顷以上，可使旧镇湾霞美菲律宾蛤仔繁育区资源量基本得到恢复，年可持续利用量达到500吨的水平。

6. 效益分析

连续实施三年的禁捕和苗种底播增殖后，20公顷底播增殖区每年投苗量10吨，需投入资金10万元，三年累计需投入资金30万元，预计资源增殖总量可达750吨以上。第四年开捕后，预期每年可增创产量450吨，产值360万元。资金投入与产出为1∶12，而且可持续开发利用。增殖计划的实施，预计可使三年后旧镇湾菲律宾蛤仔繁育区多增加讨小海劳动力200人，可增加当地村民的收入，并带动菲律宾蛤仔养殖和商品蛤产业的发展。旧镇湾菲律宾蛤仔增殖措施可从根本上解决繁育区资源严重衰退、资源补充量不足、产量低下等问题，从而有助于菲律宾蛤仔增养殖业突破制约其稳定发展的瓶颈，促进繁育区生态平衡和蛤苗资源的可持续利用，从而产生重大的经济效益、社会效益和生态效益。

7. 保障措施

（1）苗种底播增殖项目运作与技术支撑

旧镇湾霞美浅海滩涂菲律宾蛤仔属于天然繁育场所，实施苗种底播增殖是一项公益性事业，建议政府从苗种增殖放流专项经费中每年划拨10万元作为旧镇湾霞美浅海滩涂菲律宾蛤仔苗种底播增殖费。项目实施及繁育区日常管理可由当地海洋与渔业局承担，福建省水产研究所和当地水技站可作为技术支撑单位负责苗种底播增殖具体的技术工作。

（2）加强繁育区资源的繁殖保护与合理开发利用

鉴于目前旧镇湾霞美浅海滩涂菲律宾蛤仔资源已出现严重衰退状况，除了采用上述苗种底播增殖措施外，连续三年实施禁捕也是繁殖保护菲律宾蛤仔资源重要措施之一。三年后还应改变过去以幼蛤为主体的开发利用方式，以利于菲律宾蛤仔资源的恢复。特别是当前福建已经突破菲律宾蛤仔苗种培育关，苗种已经可以廉价、大批量生产，完全有条件在每年2～8月间禁止采捕菲律宾蛤仔苗种。同时，对于菲律宾蛤仔的成品蛤也应严格控制采捕数量，以利繁育区菲律宾蛤仔资源的可持续利用。

(3) 拓展潮下带苗种底播增殖

从潮间带至水深10米左右的浅海均是菲律宾蛤仔的主要栖息地。在潮间带开展苗种底播增殖虽然具有操作、管理、收获方便的特点，但潮间带是海洋与陆地的结合部，是陆源污染物入海的直接受纳区，大部分污染物都集中于此，在其间生活的贝类容易受到污染物的伤害和污染。而且分布于潮间带的滩涂贝类每天都有一定的时间处于露空状态，不能摄食，其生长受到影响。此外，夏季当潮水退后蛤仔就暴露于高温下，如果再有大雨，滩面积水，蛤仔在高温下被淡水长时间浸泡，易发生大规模死亡。而潮下带无干露时间，受高温和洪水的影响也小于潮间带，污染程度也较轻。因此，拓展潮下带苗种底播增殖，除了可以消除潮间带增殖的上述弊端外，还可为底播苗种创造较为良好的生长环境。

二、 海洋生物繁殖保护区

(一) 厦门文昌鱼繁殖保护区

1. 分布范围

文昌鱼增殖区设置范围为厦门文昌鱼自然保护区。文昌鱼增殖区范围为黄厝东南部海区、鳄鱼屿西北部海区、南线至十八线海区（澳头至大嶝岛南部海区）和小嶝岛海区共四个增殖片区（表6-5、图6-3）。

表6-5 厦门文昌鱼增殖区分布范围

增殖区	拐点坐标	增殖区	拐点坐标
黄厝海区	(1) 24°27′35″，118°10′25″ (2) 24°27′35″，118°11′00″ (3) 24°26′15″，118°09′00″ (4) 24°24′35″，118°09′00″ (5) 24°24′35″，118°11′00″	鳄鱼屿海区	(1) 24°36′30″，118°09′40″ (2) 24°36′30″，118°10′53″ (3) 24°35′05″，118°09′40″ (4) 24°35′05″，118°10′53″
南线至十八线海区	(1) 24°30′45″，118°14′00″ (2) 24°31′45″，118°19′45″ (3) 24°30′45″，118°20′00″ (4) 24°28′25″，118°14′40″	小嶝岛海区	(1) 24°34′05″，118°24′10″ (2) 24°33′10″，118°25′00″ (3) 24°32′00″，118°21′30″ (4) 24°31′20″，118°22′10″

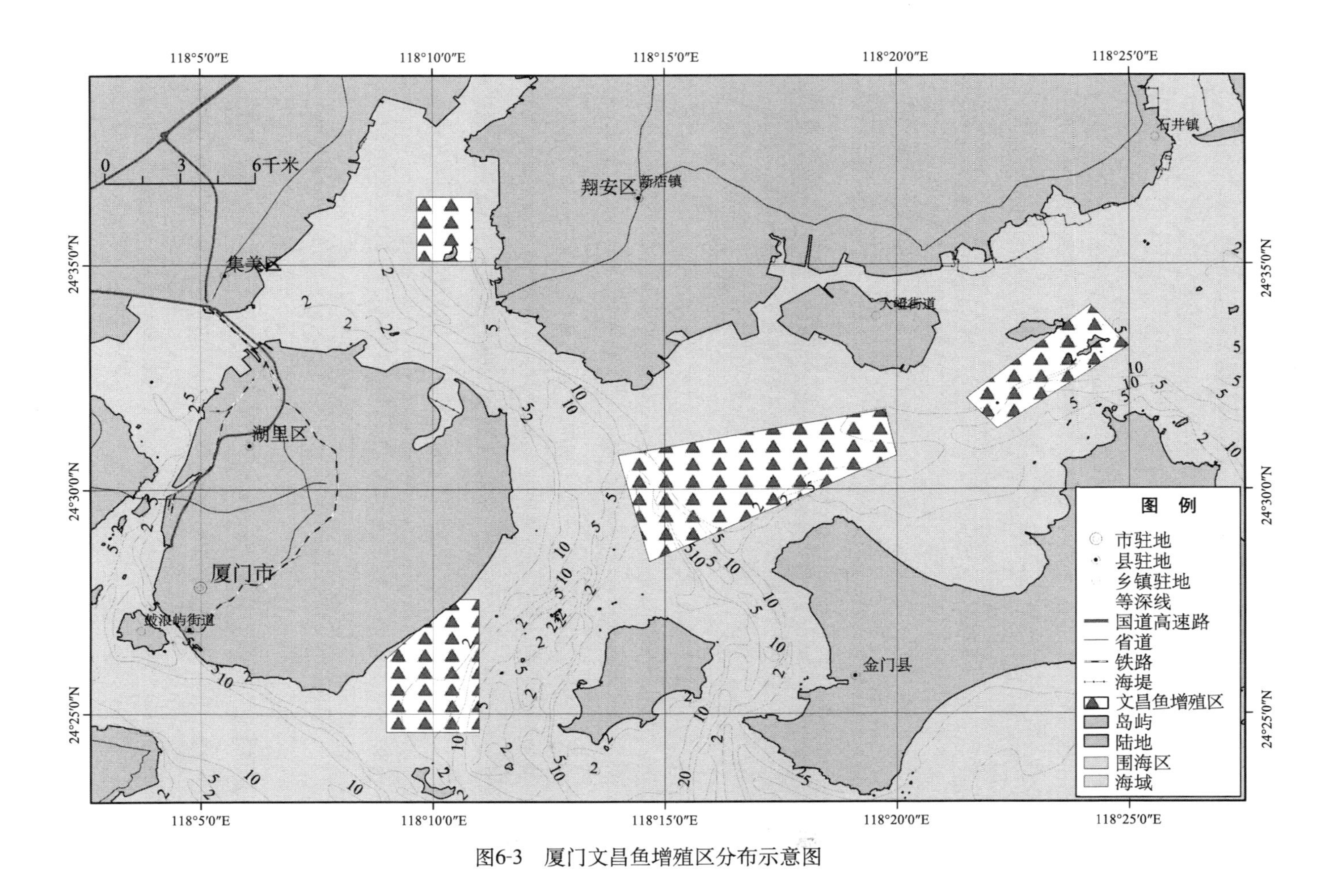

图6-3 厦门文昌鱼增殖区分布示意图

2. 生态环境

根据2008年监测结果，厦门海洋珍稀物种国家级自然保护区海水化学指标pH、COD、砷、锌和镉符合一类海水水质标准；溶解氧、铅和铜符合二类海水水质标准；石油类和粪大肠菌群部分超出二类海水水质标准，符合三类海水水质标准；无机氮、活性磷酸盐及汞部分超出四类海水水质标准。沉积环境质量状况良好，沉积物中有机碳、石油类和硫化物含量均符合海洋沉积物质量一类标准。监测海域浮游植物多样性指数较高，平均值为3.73，种间比例均匀；浮游动物大多数测站多样性指数范围大于3.0，其中桡足类种类最多，其他种类较少；底栖生物多样性指数在3.0以下，属一般水平，种类组成和生物量组成均以软体动物占优势。根据《厦门市海洋环境质量公报》(2006年)，前埔—黄厝保护区和南线—十八线保护区文昌鱼平均栖息密度为78尾/米^2，平均生物量为2.55克/米^2。与2005年相比，栖息密度和生物量均有所下降。总体上看，文昌鱼自然保护区的水质环境相对较好，但其生长栖息的底质环境已遭受严重破坏，适宜生存空间大为缩小。

3. 资源评析

厦门文昌鱼主要分布于鳄鱼屿海区、南线—十八线海区、黄厝海区和小嶝岛海区。其中，资源数量的分布以鳄鱼屿海区为多（刘五店渔场）。厦门刘五店渔场曾是全球唯一形成渔业生产的文昌鱼渔场。厦门文昌鱼渔业至今已有二三百年的历史，翔安区欧厝村不少村民世代以捕捞文昌鱼为业。在捕捞产量鼎盛时期的20世纪40年代至50年代初期，每年9月至翌年1月，在刘五店文昌鱼渔场从事捕捞生产的渔船多达200多艘，下海人员近500人，每年汛产量可达30～40吨。20世纪50年代中期以来，由于高集海堤建造、过量采沙及海域污染等种种原因，厦门刘五店文昌鱼繁衍栖息环境遭受严重破坏，渔业资源急剧减少，海区作业船数和渔业产量逐年减少。至20世纪70年代末期，该渔场文昌鱼资源日益枯竭，基本失去渔业生产价值。

刘五店渔场文昌鱼资源出现严重衰退后，厦门文昌鱼渔业生产并未停止，当地渔民将生产渔场拓展到南线—十八线海区，以及小嶝岛海区。1968年，琼头渔民又开发了黄厝文昌鱼渔场，渔汛期为每年从5月至翌年1月。根据1987年5月下旬至1988年1月上旬文昌鱼生产渔汛的统计资料，在黄厝海区捕获的文昌鱼产量为1.90吨，在南线—十八线海区及小嶝岛海区捕获的文昌鱼产量达2.25吨。同期资源评估厦门文昌鱼渔场现存资源量为60吨。1989年刘五店鳄鱼屿海区文昌鱼平均栖息密度为110尾/米^2（林学钦，2006）。2001年鳄鱼屿海区文昌鱼最高栖息密度仅为30尾/米^2（方少华，2002）。可见，厦门海域文昌鱼资源已衰退至濒危边缘。

4. 增殖措施

自2005年厦门文昌鱼人工育苗技术获得重大突破以来，已多年成功培育出文昌鱼苗种数十万尾，并连续几年组织实施文昌鱼苗种的增殖放流活动。建议继续在厦门文昌鱼自然保护区内开展苗种放流增殖活动，扩大苗种增殖放流规模，有效增殖厦门海域文昌鱼资源。

近期，在文昌鱼增殖区可选择黄厝自然保护区外侧浅海水域作为增殖放流区域。放流时间为11月上旬；苗种放流要选择文昌鱼野生苗种分布相对比较密集的北部外侧浅海水域。苗种规格为平均全长15～20毫米的野生子一代苗种。每年苗种投放量200万尾，第一阶段连续实施四年苗种放流增殖。今后，在苗种增殖放流取得成效后，再逐步扩大放流规模和放流海区，将放流区域拓展到鳄鱼屿西北部海区、南线—十八线海区和小嶝岛海区等三个自然保护区。

5. 预期目标

实施苗种放流增殖计划后，预计翌年可新增文昌鱼补充群体400万尾、两年后新增文昌鱼补充群体480万尾、三年后新增文昌鱼补充群体528万尾、四年后新增文昌鱼补充群体555万尾。连续实施四年苗种放流增殖，厦门文昌鱼自然保护区累计可新增文昌鱼补充群体1963万尾（1240千克），可基本遏制黄厝文昌鱼自然保护区资源衰退趋势。

6. 效益分析

连续实施四年的苗种放流增殖后，每年投入资金20万元，四年累计需投入资金80万元。预计海区资源增殖总量可达1963万尾（1240千克）。在自然保护区实施文昌鱼规模化的苗种放流增殖措施，除了可扭转保护区文昌鱼资源严重衰退、资源补充量不足的局面外，还可推动当地文昌鱼苗种培育技术的发展，降低苗种培育成本，为今后文昌鱼增养殖业可持续发展提供技术支撑，以减少市场需求引发的对自然保护区文昌鱼的违规采捕行为，促进保护区生态平衡和文昌鱼资源的可持续利用，从而产生较大的经济效益、社会效益和生态效益。

7. 保障措施

(1) 改善保护区生态环境

随着杏林公铁大桥的建成通车，高集海堤的改造工程也即将实施。高集海堤的改造工程的实施将有利于提高鳄鱼屿文昌鱼自然保护区的水流流速，缓解海区泥沙淤积，改善海区底质环境。建议以此为契机，采取必要措施，控制过度采沙活动，保护文昌鱼生长栖息的底质环境；清理违规的牡蛎吊养和网箱养殖，防止养殖污染，改善保护区生态环境，从而带动厦门文昌鱼自然保护区海洋生态保护与建设工作。

(2) 加大苗种培育开发力度

在自然保护区实施文昌鱼苗种的放流增殖，是有效遏制文昌鱼资源衰退、增殖文昌鱼资源的最重要途径。鉴于目前厦门文昌鱼资源数量依然低下、资源补充量严重不足，而苗种培育开发技术已获得重大突破的具体情况，建议继续加大文昌鱼苗种人工培育力度，扩大苗种放流增殖规模，以提高自然保护区文昌鱼资源的增殖效果。

(3) 严格禁止违规捕捞行为

2005年以来，厦门海洋与渔业局连续多年组织实施文昌鱼苗种的放流增殖，虽然也取得了一定的增殖效果，但从目前掌握的调查资料看，其苗种的放流量还远远低于海区违规捕捞量，资源衰退的趋势还没有从数量上得到有效控制。因此，在继续扩大文昌鱼苗种放流增殖的同时，严格禁止违规出海捕捞行为是当前文昌鱼资源繁殖保护工作中最有效的途径。

(二) 官井洋大黄鱼繁殖保护区

1. 分布范围

大黄鱼增殖区设置范围为三沙湾内的官井洋大黄鱼繁殖保护区。大黄鱼增殖区范围为龟鼻、佛头角、虎屿头、瓦窑前、东安、大屿、舟子角、东洛岛、可门角、陶沃、虎尾、鸡公山岛、斗帽岛、白称潭、打石场、叠石、青屿、渔潭北顺次连线所围的水域（表6-6、图6-4）。

表 6-6　三沙湾大黄鱼增殖区分布范围

序号	地理位置	拐点坐标	序号	地理位置	拐点坐标
1	龟鼻	26°36′50″N，119°42′24″E	10	陶澳	26°26′48″N，119°49′42″E
2	佛头角	26°42′25″N，119°43′30″E	11	虎尾	26°33′06″N，119°47′48″E
3	虎屿头	26°43′00″N，119°47′18″E	12	鸡公山岛	26°34′15″N，119°47′48″E
4	瓦窑前	26°40′12″N，119°54′18″E	13	斗帽岛	26°36′03″N，119°47′33″E
5	东安	26°40′00″N，119°55′24″E	14	白称潭	26°36′21″N，119°46′24″E
6	大屿	26°37′36″N，119°55′54″E	15	打石场	26°37′03″N，119°45′28″E
7	舟子角	26°33′54″N，119°56′24″E	16	叠石	26°36′57″N，119°45′09″E
8	东洛岛	26°25′30″N，119°55′00″E	17	青屿	26°36′47″N，119°44′26″E
9	可门角	26°25′48″N，119°49′12″E	18	渔潭北	26°36′42″N，119°44′00″E

2. 生态环境

据调查（余兴光等，2008），近年来三沙湾海水主要污染物为无机氮、无机磷和石油类，属于轻度污染；沉积环境质量良好，能满足功能区划的要求；部分海洋生物受到中度污染。20 世纪 80 年代至今，三沙湾海水溶解氧和化学需氧量含量呈下降趋势，但能够满足海水增养殖的要求；海水中的氮和磷含量逐年增加，有富营养化的趋势；石油类浓度显著上升，在大多数海域出现超标现象；沉积环境和海洋生物质量较好，较少有赤潮现象发生。造成三沙湾海域环境污染的主要原因是陆源排污，其次为该海域密集的海水养殖业和港口工业。

3. 资源评析

三沙湾官井洋为我国著名的内湾性大黄鱼产卵场，也是福建历史上大黄鱼的重要生产渔场。在资源鼎盛时期，官井洋大黄鱼春季产卵汛期捕捞产量高达 2500 吨。但由于长期过度捕捞，20 世纪 70 年代末期资源快速衰退。为了保护官井洋大黄鱼繁育场所，1985 年 10 月经福建省人民代表大会常务委员会批准设立了“官井洋大黄鱼繁殖保护区”。保护区的设立虽然有效地保护了官井洋大黄鱼的繁殖区域，但由于闽东近海大黄鱼越冬场所得不到相应的保护，进入官井洋大黄鱼产卵场的补充群体逐年减少，至今已有 20 多年未能重新恢复形成春季大黄鱼产卵渔汛。20 世纪 80 年代中期，大黄鱼大规模生产性育苗技术取得突破后，福建陆续在官井洋大黄鱼产卵场开展少批量的大黄鱼增殖放流试验。尤其是最近 10 年来，福建海洋与渔业主管部门已连续多年在官井洋大黄鱼产卵场，组织实施生产性的苗种增殖放流工作。经过多年的苗种增殖放流及海区网

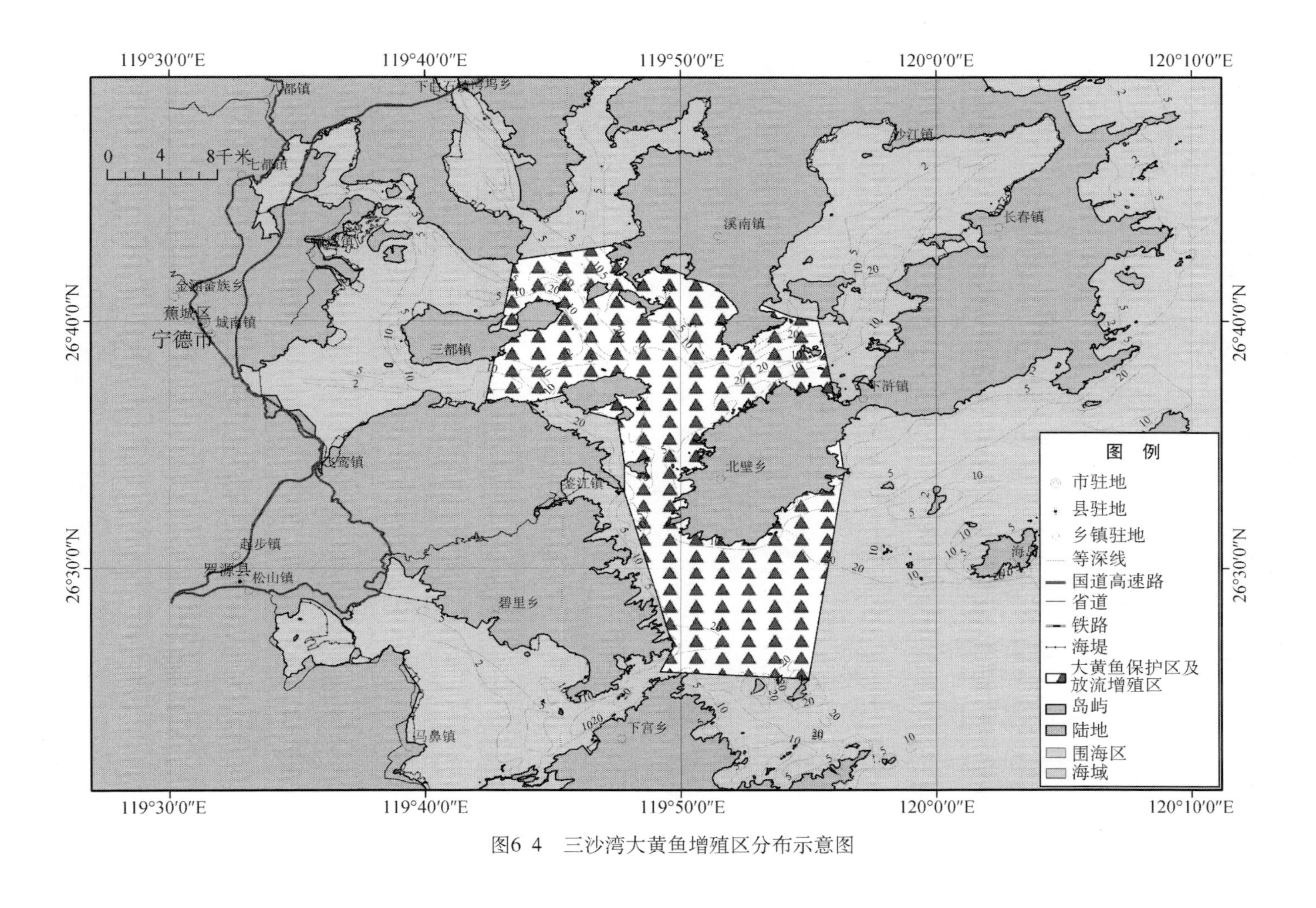

图6 4 三沙湾大黄鱼增殖区分布示意图

箱养殖群体的逃逸入海，官井洋保护区大黄鱼资源状况已有所好转，但年产量仍仅为 20 世纪 50 年代的 8%～15%，资源总量依然很低，资源质量也较差。

4. 增殖措施

应继续在官井洋大黄鱼繁殖保护区内开展苗种放流增殖活动。放流时间为每年的 6 月上旬；放流海区可选择在大黄鱼野生幼鱼群体分布相对比较密集的海域，如官井洋青山岛北部海域；苗种规格为平均全长 55 毫米以上的野生子一代或子二代苗种；每年苗种投放量 500 万尾；第一阶段连续实施四年苗种放流增殖。

5. 预期目标

实施苗种放流增殖计划后，预计两年后新增大黄鱼补充群体 75 吨，三年后新增大黄鱼补充群体 90 吨，四年后新增大黄鱼补充群体 100 吨，五年后新增大黄鱼补充群体 105 吨。连续实施四年苗种放流增殖，累计可新增大黄鱼补充群体 370 吨，使官井洋大黄鱼繁殖保护区资源量水平有明显的回升。

6. 效益分析

连续实施四年的苗种放流增殖后，每年投入资金 200 万元，四年累计需投入资金 800 万元。预计海区资源增殖总量可达 370 吨以上。如海捕大黄鱼价格按人民币 100 元/千克计算，四年累计可增创产值 3700 万元，资金投入与产出为 1∶4.63。增殖计划的实施，可增加渔区渔民的收入，并带动大黄鱼增养殖业和其他相关产业的发展。官井洋大黄鱼苗种放流增殖还可缓解保护区大黄鱼资源严重衰退、资源补充量不足、产量低下这一制约大黄鱼增养殖业和捕捞业稳定发展的瓶颈，促进保护区生态平衡和大黄鱼资源的可持续利用，从而产生较大的经济效益、社会效益和生态效益。

7. 保障措施

(1) 加强繁育区定置张网作业的管理，保护海区大黄鱼幼体资源

定置张网是三沙湾内的主要捕捞作业，尤其是在官井洋和三都澳大黄鱼幼体群体分布比较密集的海区也有数百个作业单位常年在从事捕捞生产。由于张网渔具选择性差，在大黄鱼繁殖季节对海区幼体资源有较大的损害。建议加强繁育区定置张网作业的管理工作，确实保护海区大黄鱼幼体资源。

(2) 防止养殖群体逃逸入海，保护海区大黄鱼种质资源

三沙湾是我国最大的大黄鱼养殖基地，大黄鱼养殖网箱有 10 万口，年产量

6万～7万吨。由于台风及管理方面的种种原因，每年均有一定数量的养殖群体逃逸入海。20多年来不加选择地进行近亲繁殖，已使养殖大黄鱼的种质退化，出现抗病力下降、成熟期提早、生长缓慢、肉质变差等问题。大量养殖群体的逃逸入海，给官井洋大黄鱼繁殖保护区的种质资源造成十分不利影响。因此，建议在提高养殖苗种品质的同时，还应采取有效措施减少或避免大黄鱼养殖群体的逃逸入海，以确实保护海区大黄鱼的种质资源。

三、 渔业资源增殖区域

人工鱼礁建设和礁区种苗人工放流增殖项目的实施，可使渔业资源增殖区及周边临近海域生态环境得到明显的改善，生态系统也能得到明显的修复和保护，并有效地改善海洋生物的生存环境，扩大增殖对象的栖息场所，使海洋渔业资源和生物多样性得到良好的养护，渔业资源结构得到进一步优化。这些项目的实施还能带动邻近渔区滨海旅游业、休闲渔业等相关产业的发展，从而促进福建海洋产业的优化升级和海洋生态建设的发展。

（一）牛山岛西部礁区

1. 分布范围

该区域位于牛山岛生态系统特别保护区西部，礁区水深29.0～47.0米、礁区面积295公顷（表6-7、图6-5），为多种海洋捕捞作业的重要渔业水域，也是大黄鱼、曼氏无针乌贼等多种重要水生生物的繁育场所。在该海区建设人工鱼礁，有利于养护海洋重要生物资源的繁育场所，保护生物多样性。

表6-7 福州市牛山岛片区拟建礁区

地理位置	礁区范围	礁区水深/米	礁区面积/公顷	礁区类型
牛山岛西部	25°25.74′N、119°55.00′E 25°27.00′N、119°55.40′E 25°26.80′N、119°56.10′E 25°25.60′N、119°55.74′E	29.0～47.0	295	公益型鱼礁区

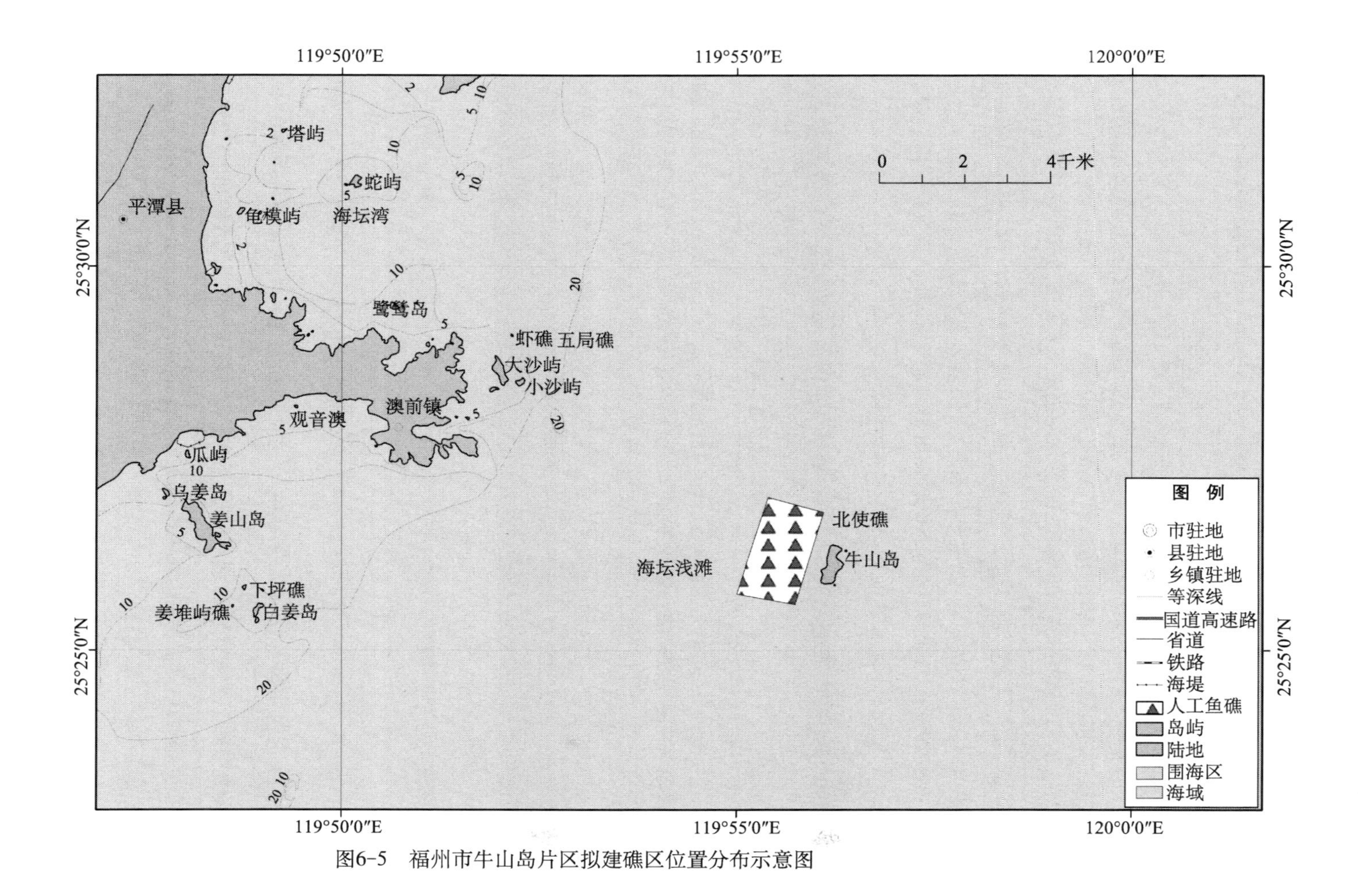

图6-5 福州市牛山岛片区拟建礁区位置分布示意图

2. 生态环境

牛山岛西部礁区地处平潭岛东南部，远离大陆及平潭岛，未受工业、农业和生活污水排放入海影响，海水水质良好。牛山岛西部拟建礁区及其周围海域天然岛礁众多、海底地形地貌复杂，适宜趋礁性种类及其他经济种类的栖息生长，海域生态环境条件较为优越。

3. 增殖措施

（1）开展人工鱼礁建设

连续三年实施，分三期在福州市牛山岛西部海区投放人工鱼礁礁体460座，礁体总体积29 440米^3，构建人工鱼礁礁区总面积294.6公顷（表6-8）。项目总投资1000万元，其中礁体制作及投放费用828万元，工程总造价920万元，项目其他固定开支80万元。

表6-8 拟建礁区建设规模

地理位置	投礁面积/公顷	礁体类型与礁体大小								
		GJH001		GJH002		GJH003		合计		
		座	米^3/座	座	米^3/座	座	米^3/座	座	米^3/座	米^3
牛山岛西部	295	120	64	160	64	180	64	460	64	29 440

资料来源：1. 福建海峡建筑设计规划研究院．宁德市蕉城区斗帽岛人工鱼礁科学试验工程初步设计．2009.

2. 福建省水产研究所．福建省人工鱼礁建设总体发展规划．2005.

（2）实施苗种放流增殖

历史上，牛山大黄鱼产卵场曾是福建沿海大黄鱼最重要的繁育场所之一。牛山岛周边海域亦是大黄鱼仔幼鱼良好的栖息场所。人工鱼礁投放一年以后，可在已建礁区实施大黄鱼苗种人工放流增殖。放流时间为6月上旬，放流海区可选择在大黄鱼野生幼鱼群体分布相对比较密集的西部海域，苗种规格为平均全长55毫米以上的野生子一代或子二代苗种，每年苗种投放量100万尾。第一阶段连续实施四年苗种放流增殖。

4. 预期目标

通过三年人工鱼礁建设和礁区大黄鱼苗种人工放流增殖，使牛山岛周边海域大黄鱼产卵场生态环境得到明显的改善，生态系统得到明显的修复和保护，有效地改善海洋生物的生存环境，扩大增殖对象的栖息场所，优化渔业资源，生物多样性得到良好养的护。预计经三年的人工鱼礁建设和大黄鱼苗种增殖放流，大黄鱼资源增殖量可达 74 吨。

5. 效益分析

在牛山岛西部海区实施人工苗种放流增殖，每年投入 40 万元，四年累计需投入资金 160 万元。预计四年累计海区渔业资源增长量为 74 吨，可有效地缓解大黄鱼繁育场所资源严重衰退、资源补充量不足这一制约大黄鱼海洋捕捞业和海水增养殖业稳定发展的瓶颈。同时也可促进增殖区生态平衡和渔业资源的可持续利用，从而产生重大的经济效益、社会效益和生态效益。

（二）南日岛礁区

1. 分布范围

南日岛片区共有 4 个礁区，水深范围为 13.0 ～19.8 米，礁区总面积 608 公顷。其中，小麦屿西北部属公益型鱼礁区，小麦屿东部礁区和大麦屿西南部礁区属生产型礁区，南日金龟山西南部礁区属游钓型鱼礁区（表 6-9、图 6-6）。

表 6-9 莆田市南日岛片区拟建礁区

序号	地理位置	礁区范围	礁区水深/米	礁区面积/公顷	礁区类型
1	小麦屿西北部	25°13.95 'N、119°33.65 'E 25° 14.34 'N、119°34.00 'E 25° 13.72'N、119°34.86 'E 25° 13.32 'N、119°34.50 'E	14.0～19.8	174	公益型鱼礁区
2	小麦屿东部	25° 12.85 'N、119°35.52 'E 25° 13.30 'N、119°35.62 'E 25° 13.10 'N、119°36.70 'E 25° 12.62 'N、119°36.60 'E	13.0～16.4	219	生产型鱼礁区
3	大麦屿西南部	25° 11.41 'N、119°35.14 'E 25° 11.11 'N、119°35.63 'E 25° 10.48 'N、119°34.84 'E 25° 10.85 'N、119°34.40 'E	15.0～16.0	166	生产型鱼礁区
4	南日金龟山西南部	25°11.82 'N 、119°25.75 'E 25°12.22 'N 、119°25.89 'E 25°12.12 'N 、119°26.23 'E 25°11.71 'N 、119°26.10 'E	13.2～15.2	49	游钓型鱼礁区

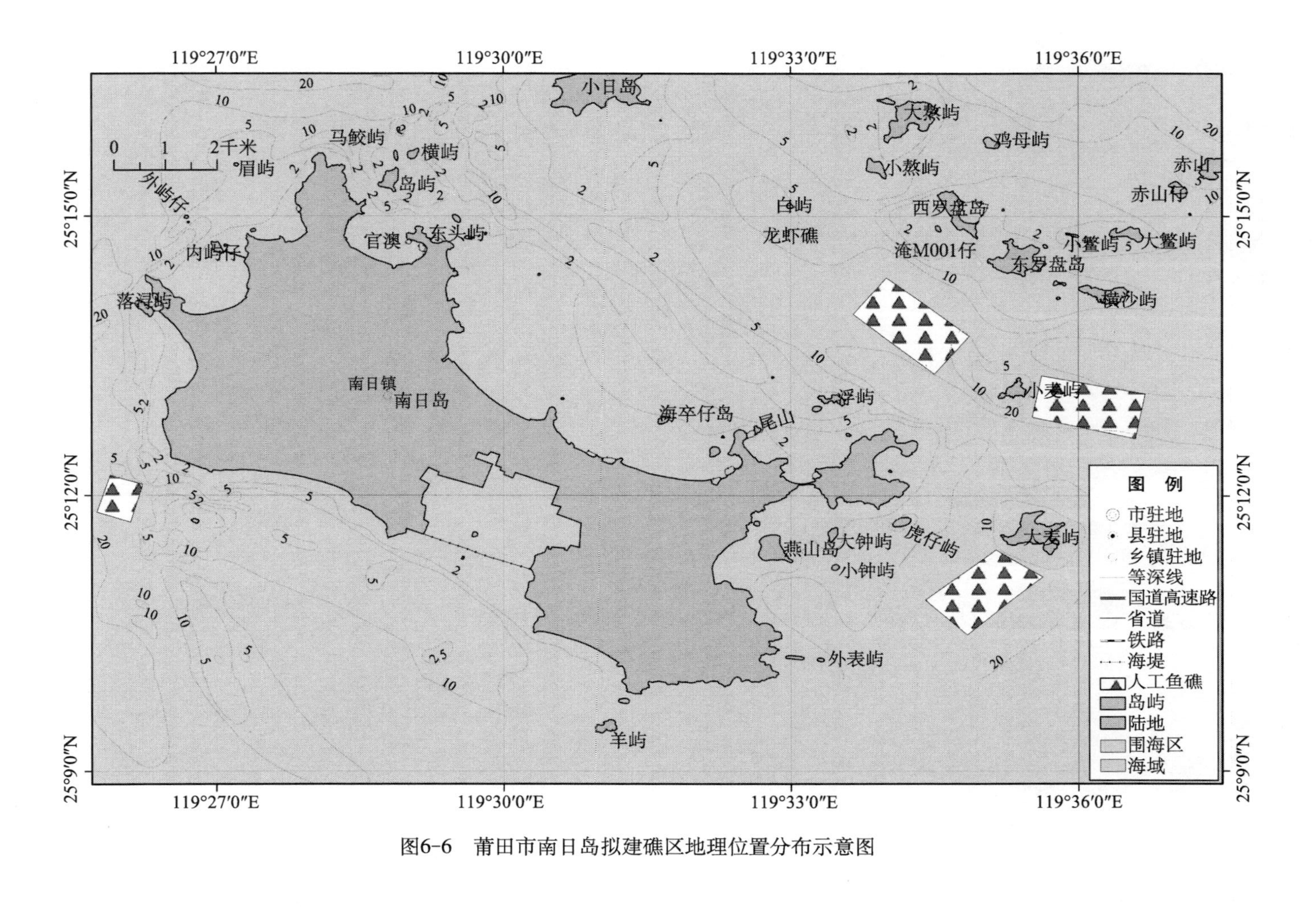

图6-6 莆田市南日岛拟建礁区地理位置分布示意图

2. 生态环境

南日岛周围海域天然岛礁星罗棋布，海底地形地貌复杂多变，无工业污水排放污染，海域水质良好，生态环境优越，历史上渔业资源优质种类多、资源也颇为丰富。拟选建造的渔业资源增殖区有四个：第一是小麦屿西北部增殖区，该区域为赤点石斑鱼、锦绣龙虾等优质种类的繁育场所，也是黄鳍鲷、鳓鱼、蓝点马鲛和曼氏无针乌贼等多种经济种类索饵生长的重要场所；第二和第三分别是小麦屿东部增殖区和大麦屿西南部增殖区，这两个区域为石斑鱼、龙虾、黄鳍鲷、鳓鱼、蓝点马鲛和曼氏无针乌贼等多种等优质种类的索饵生长场所；第四是南日金龟山西南部，该区域为中华海鲶、鳓鱼、尖嘴魟、中国团扇鳐、三疣梭子蟹和杜氏枪乌贼等经济种类的索饵生长场所。在南日岛周边海域开展人工鱼礁建设有利于保护经济种类的繁育场所，养护渔业资源，优化海区资源结构，拓展刺网、钓捕和笼捕等优良捕捞作业的生产渔场。

3. 资源评析

历史上，南日岛周围海域渔业资源较为丰富，盛产赤点石斑鱼、锦绣龙虾、黄鳍鲷、鳓鱼等优质经济种类，为流钓等多种海洋捕捞作业的重要渔业水域。南日岛周围海域也是中华海鲶、黄鳍鲷、鳓鱼、蓝点马鲛、尖嘴魟、中国团扇鳐、三疣梭子蟹、杜氏枪乌贼和曼氏无针乌贼等多种经济种类索饵生长的重要场所。20 世纪 70 年代以来，由于酷渔滥捕，黄鳍鲷、鳓鱼、中华海鲶、尖嘴魟、中国团扇鳐、三疣梭子蟹等主要经济种类资源严重衰退；赤点石斑鱼、锦绣龙虾几近枯竭，种群数量急剧下降，已连续多年难见踪影。

4. 增殖措施

（1）开展人工鱼礁建设

连续四年实施，分四期在莆田市南日岛片区投放人工鱼礁礁体 2250 座，礁体总体积 60 750 米^3，构建人工鱼礁礁区总面积 608 公顷（表 6-10）。项目总投资 2050 万元，其中礁体制作及投放费用 1700 万元，工程总造价 1890 万元，项目其他固定开支 160 万元。

表 6-10　拟建礁区建设规模

地理位置	投礁面积/公顷	礁体大小与礁体型号								
		GJH001		GJH002		GJH003		合　计		
		座	米³/座	座	米³/座	座	米³/座	座	米³/座	米³
小麦屿西北部	174	215	27	215	27	215	27	645	27	17 415
小麦屿东　部	219	270	27	270	27	270	27	810	27	21 870
大麦屿西南部	166	205	27	205	27	205	27	615	27	16 605
南日金龟山西南部	49	60	27	60	27	60	27	180	27	4 860
合　计	608	750	27	750	27	750	27	2 250	27	60 750

资料来源：1. 福建海峡建筑设计规划研究院．宁德市蕉城区斗帽岛人工鱼礁科学试验工程初步设计．2009.

2. 福建省水产研究所．福建省人工鱼礁建设总体发展规划．2005.

（2）实施苗种放流增殖

南日岛周边海域是多种经济种类幼鱼幼体的良好索饵场所，人工鱼礁投放一年以后，可在已建礁区实施黄鳍鲷、三疣梭子蟹种苗人工放流增殖。黄鳍鲷苗种放流海区可选择在小麦屿周边海域，苗种规格为平均叉长 35 毫米以上的野生子一代苗种；每年苗种投放量 25 万尾，第一阶段连续实施四年苗种放流增殖。三疣梭子蟹苗种放流海区可选择在大麦屿周边海域，苗种规格为仔蟹 2 期的野生子一代苗种；每年苗种投放量 200 万只，第一阶段连续实施四年苗种放流增殖。

5. 预期目标

通过四年的人工鱼礁建设和礁区黄鳍鲷、三疣梭子蟹苗种人工放流增殖，可使南日岛周边海域生态环境得到明显的改善，生态系统得到明显的修复和保护，有效地改善海洋生物的生存环境，扩大增殖对象的栖息场所，优化渔业资源，使生物多样性得到良好的养护。预计经四年的人工鱼礁建设和苗种增殖放流，黄鳍鲷资源增殖量可达 18.4 吨，三疣梭子蟹资源增殖量达 98.1 吨。

6. 效益分析

在南日岛周边礁区实施人工苗种放流增殖，每年投入 11.5 万元，四年累计投入资金 46 万元，仅黄鳍鲷、三疣梭子蟹资源增殖量即可达 110 吨以上，可有效地缓解这一重要渔业水域经济种类严重衰退、资源补充量不足的状况。其中，小麦屿西北部公益型鱼礁区工程建设有利于保护海域重要经济种类资源和生物多样性；小麦屿东部和大麦屿西南部生产型鱼礁区工程建设有利于优化海区渔业资源结构，拓展海洋捕捞水域；南日金龟山西南部游钓型鱼礁区工程建设有利于发展休闲游钓产业，安置渔区富余劳动力。同时人工苗种放流增殖措施也可促进增殖区生态平衡和渔业资源的可持续利用，从而产生经济效益、社会效益和生态效益。

（三）菜屿列岛礁区

1. 分布范围

菜屿列岛位于福建南部，毗邻漳浦古雷半岛，由沙洲岛、青草屿、圣杯屿、红屿、井安屿等10余个无居民小岛组成。菜屿列岛礁区水深分布范围为8.8～18.8米，礁区总面积373公顷（表6-11、图6-7）。菜屿列岛礁区由井安岛北部礁区、井安岛南部礁区和青草屿南部礁区组成。其中，井安岛北部礁区和井安岛南部礁区为公益型鱼礁区，青草屿南部礁区为游钓型鱼礁区。

表6-11　漳州市菜屿列岛片区拟建礁区

序号	地理位置	礁区范围	礁区水深/米	礁区面积/公顷	礁区类型
1	井安岛北部	23°48.00′N、117°40.60′E 23°48.00′N、117°41.70′E 23°47.60′N、117°41.70′E 23°47.60′N、117°40.60′E	8.8～11.8	136	公益型鱼礁区
2	井安岛南部	23°46.60′N、117°40.85′E 23°46.48′N、117°42.04′E 23°46.06′N、117°41.96′E 23°46.22′N、117°40.80′E	9.4～18.8	148	公益型鱼礁区
3	青草屿南　部	23°46.60′N、117°39.80′E 23°46.60′N、117°40.50′E 23°46.20′N、117°40.50′E 23°46.20′N、117°39.80′E	11.5～16.0	89	游钓型鱼礁区

2. 生态环境

菜屿列岛拟建礁区地处古雷半岛西部，离大陆海岸较远，未受工业废水、农业污水和生活污水排放入海影响，海水水质良好。该区域已被列为漳浦县菜屿列岛自然保护区，其海域保护种类为海胆、龙虾、大黄鱼等水生野生动物。菜屿列岛拟建礁区及其周围海域天然岛礁众多、海底地形地貌复杂，适宜趋礁性种类及其他经济种类的栖息生长，海域生态环境条件较为优越。

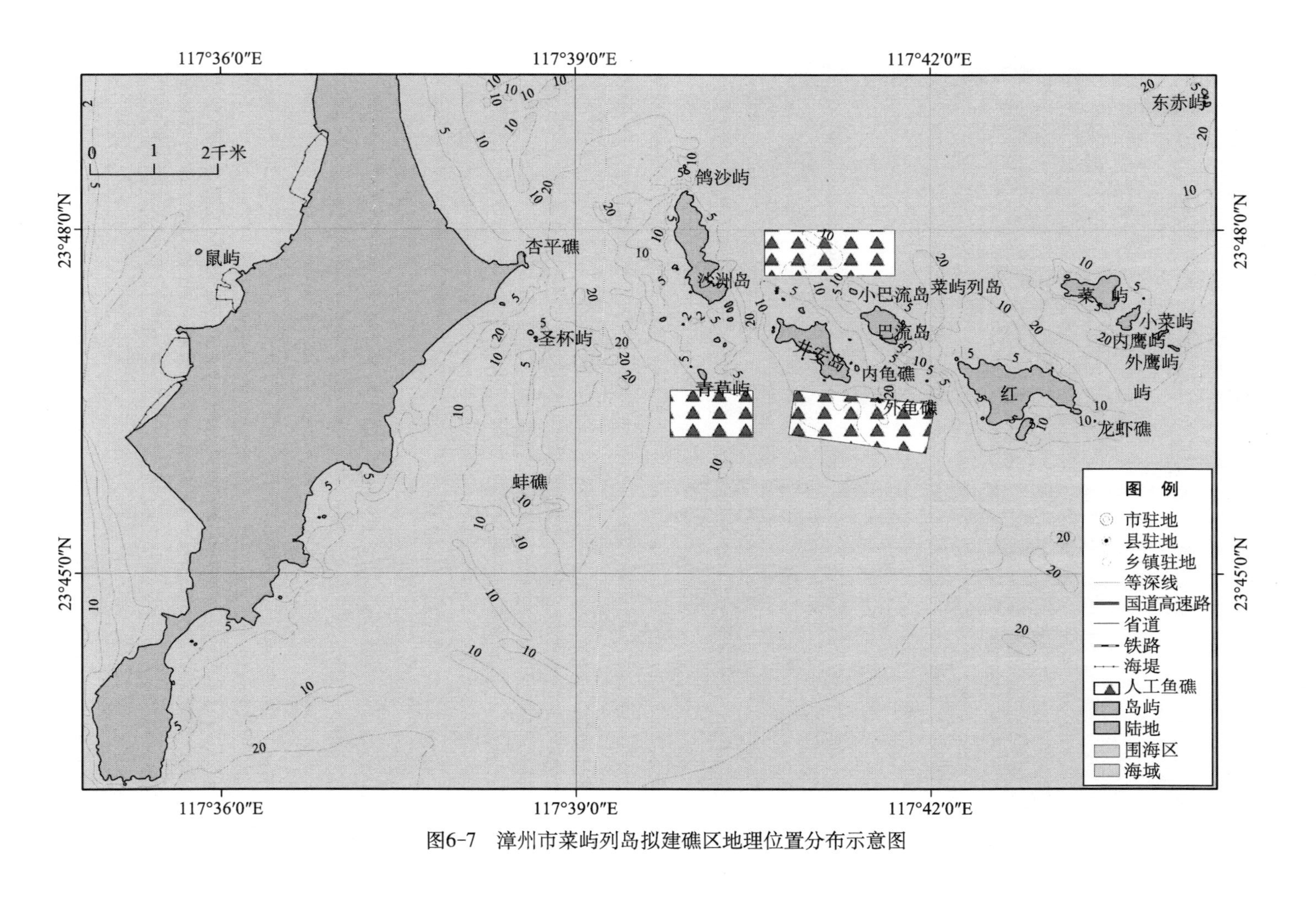

图6-7　漳州市莱屿列岛拟建礁区地理位置分布示意图

3. 资源状况

历史上，莱屿列岛周边海域带鱼、黄带鲱鲤、日本燕魟、黄魟、林氏团扇鳐、何氏鳐、康氏马鲛、斑点马鲛、红星梭子蟹、三疣梭子蟹和杜氏枪乌贼等经济种类资源丰富。莱屿列岛周边海域也曾经盛产红毛菜、海胆、龙虾、大黄鱼。由于过度捕捞，20 世纪 80 年代以来海区渔业资源出现严重衰退，特别是龙虾、大黄鱼种群数量已十分稀少。莱屿列岛亦是濒危物种黄嘴白鹭繁殖地，还是黑尾鸥、岩鹭、燕鸥等鸟类生长栖息的良好场所。目前，漳浦县已将莱屿列岛及周边海域列为县级自然保护区，对岛上黄嘴白鹭等鸟类及岛屿周边湿地加以保护。

4. 增殖措施

（1）开展人工鱼礁建设

连续四年实施，分四期在漳浦县莱屿列岛片区投放人工鱼礁礁体 1380 座，礁体总体积 37 260 米^3，构建人工鱼礁礁区总面积 373 公顷（表 6-12）。项目总投资 1400 万元，其中工程总造价 1260 万元，项目其他固定开支 140 万元。

表 6-12　拟建礁区建设规模

地理位置	投礁面积/公顷	礁体大小与礁体型号								
		GJH001		GJH002		GJH003		合　计		
		座	米^3/座	座	米^3/座	座	米^3/座	座	米^3/座	米^3
井安岛北部	136	168	27	168	27	168	27	504	27	13 608
井安岛南部	148	183	27	183	27	183	27	549	27	14 823
青草屿南部	89	109	27	109	27	109	27	327	27	8 829
合　计	373	460	27	460	27	460	27	1 380	27	37 260

资料来源：1. 福建海峡建筑设计规划研究院．宁德市蕉城区斗帽岛人工鱼礁科学试验工程初步设计．2009.

2. 福建省水产研究所．福建省人工鱼礁建设总体发展规划．2005.

（2）实施苗种放流增殖

历史上，莱屿列岛大黄鱼产卵场是福建沿海大黄鱼最重要的繁育场所之一。莱屿列岛周边海域亦是大黄鱼仔幼鱼良好的栖息场所。人工鱼礁投放一年以后，可在已建礁区实施大黄鱼苗种人工放流增殖，放流时间为 6 月上旬，放流海区可选择在大黄鱼野生幼鱼群体分布相对比较密集的井安岛周边海域，苗种规格为平均全长55毫米以上的野生子一代或子二代苗种，每年苗种投放量100万尾，第一阶段连续实施四年苗种放流增殖。三疣梭子蟹苗种放流海区可选择在井安岛西部海域，苗种规格为仔蟹2期的野生子一代苗种，每年苗种投放量200万只，第一阶段连续实施四年苗种放流增殖。

5. 预期目标

通过四年人工鱼礁建设和礁区大黄鱼、三疣梭子蟹种苗人工放流增殖，可使莱屿列岛周边海域生态环境得到明显的改善，生态系统得到明显的修复和保护，有效地改善海洋生物的生存环境，扩大增殖对象的栖息场所，优化渔业资源，生物多样性得到良好的养护。预计经四年的人工鱼礁建设和苗种增殖放流，大黄鱼资源增殖量可达74吨、三疣梭子蟹资源增殖量可达98.1吨。

6. 效益分析

在莱屿列岛周边礁区实施人工苗种放流增殖，每年投入44万元，四年累计投入资金176万元，仅大黄鱼、三疣梭子蟹资源增殖量即可达170吨。该项目可有效地缓解这一重要渔业水域经济种类严重衰退、资源补充量不足的状况。其中，井安岛北部和南部公益型鱼礁区工程建设有利于保护海域重要经济种类资源和生物多样性；青草屿南部游钓型鱼礁区工程建设有利于发展休闲游钓产业，安置渔区富余劳动力。在莱屿列岛周边海区实施大黄鱼、三疣梭子蟹苗种人工放流增殖，可有效地缓解自然海域大黄鱼、三疣梭子蟹资源严重衰退局面，同时也可促进增殖区生态平衡和渔业资源的可持续利用，从而产生良好的经济效益、社会效益和生态效益。

第三节　选划结果

选划新型潜在海水增殖区28 150公顷。其中海洋经济生物增殖区3004公顷，海洋生物繁殖保护区23 870公顷，渔业资源增殖区1276公顷（表6-13）。选划区大多受到过度捕捞或海洋环境污染的影响，资源呈现衰退的趋势，因此必须根据实际情况，采取相应的增殖保护措施。

2007年版沿海各设区市的海洋功能区划图层与福建海域新型潜在人工增殖区选划图层进行叠加比对，选划海洋经济贝类增殖区、海洋生物繁殖保护区符合海洋功能区划；渔业资源增殖区类型中的牛山岛西部礁区、南日岛礁区和菜屿列岛礁区，均属于2005年“福建省人工鱼礁建设总体发展规划”的建设范围内，但福建省至今均未将人工鱼礁用海列入海洋功能区划中。

表6-13 福建海域新型潜在增殖区选划表

选划区	类别	面积/公顷	增殖或保护对象
兴化湾缢蛏增殖区	海洋经济生物增殖区	2 648	缢蛏
旧镇湾菲律宾蛤仔繁育区	海洋经济生物增殖区	356	菲律宾蛤仔
厦门文昌鱼繁殖保护区	海洋生物繁殖保护区	4 870	文昌鱼
官井洋大黄鱼繁殖保护区	海洋生物繁殖保护区	19 000	大黄鱼
南日岛礁区	渔业资源增殖区	608	渔业资源
菜屿列岛礁区	渔业资源增殖区	373	渔业资源
牛山岛西部礁区	渔业资源增殖区	295	渔业资源

第七章

福建潜在优良养殖品种开发与生态养殖模式研究

第一节　潜在优良养殖品种开发

一、福建潜在优良养殖品种概述

依据“综合考虑多因素”的筛选原则，结合福建海湾自然概况，全面考查新品种的生物学特性、生态习性、经济价值、开发技术水平、产业化前景等因素，筛选适合福建海湾养殖的极具开发潜力的优良养殖品种。

依据福建海湾自然概况，结合优良养殖品种的生物学特性、生态习性、经济价值、开发技术水平及产业化前景，拟选择具有食用、药用或观赏价值的云纹石斑鱼（*Epinephelus moara*）、大弹涂鱼、三斑海马（*Hippocampus trimaculatus*）、半滑舌鳎（*Areliscus semilaevis*）、褐毛鲿（*Megalonibes fusca*）、刺参（*Stichopus japonicus*）、中国仙女蛤（*Callista chinensis*）、西施舌、真蛸（*Octopus vulgaris*）、栉江珧（*Atrina pectinata*）、锦绣龙虾（*Panulirus ornatus*）、石花菜（*Gelidium amansii*）和长茎葡萄蕨藻（*Caulerpa lentillifera*）等，作为福建潜在优良养殖品种。

（一）云纹石斑鱼

1. 生物学特性和生态习性

云纹石纹鱼俗称油斑、草斑，属鲈形目、鮨科、石斑鱼属。体侧有 6 条暗棕色斑带，除第一与第二带斜向头部外，其余各带皆自背方伸向腹缘，各带下方多分叉。体侧和各鳍上均无斑点。为暖水性中下层鱼类，喜栖于岩礁底质。分布于北太平洋西部，我国产于南海和东海。

云纹石斑鱼为大型鱼类，最大体长达 1 米，体重达 50 千克以上。喜栖息在沿岸岛屿附近的岩礁、砂砾、珊瑚礁底质的海区，一般不成群。栖息水层随水温变化而升降。春夏季分布于水深 10～30 米处，盛夏季节也会在水深 2～3 米处出现；秋、冬季当水温下降时，则游向 40～80 米较深水域。适温范围为15～34℃，最适水温为 22～28℃。适盐范围广，可在盐度 10 以上的海域生存。为肉食性凶猛鱼类，以突袭方式捕食底栖甲壳类、各种小型鱼类和头足类。

云纹石斑鱼为雄雌同体，具有性逆转特性，首次性成熟时全系雌性，在自然条件下，7 龄以上有个别雌鱼可性转变为雄性。一般四周龄才能性成熟，怀卵量随鱼体大小而异，同一尾成熟雌鱼在一个繁殖期内有多批次产卵现象。

2. 经济价值

云纹石斑鱼是暖水性近海底层名贵鱼类，其价格昂贵，经济价值高，为我国重要出口品种，出口口岸在广东、福建、广西等地，输往日本、香港、澳门等国家和地区。云纹石斑鱼肉浅白，有美味胜于河豚之说，具有健脾、益气的药用价值。从鱼眼到内脏全身均可食用，因其肉质肥美鲜嫩，营养丰富，被奉为上等佳肴，供不应求，市场潜力很大。

3. 开发技术水平

我国大陆石斑鱼繁殖的研究始于 20 世纪 80 年代，而从 21 世纪初开始，已研究开发出网箱培育亲鱼、池塘生态育苗等一系列新技术，石斑鱼人工繁育产业迅速发展。人工繁育的品种有斜带石斑鱼（*E. coioides*）、赤点石斑鱼（*E. akaara*）、青石斑鱼（*E. awoara*）、鞍带石斑鱼（*E. lanceolatus*）、褐点石斑鱼（*E. fuscoguttatus*）、云纹石斑鱼等。我国的石斑鱼人工育苗研究工作处于世界前列，但产业化进程仍处于起步阶段，尤其在北方地区工厂化育苗几乎是空白。2009 年，海南石斑鱼产量 6.2 万吨，广东为 2.0 万吨，福建为 1.0 万吨，此外，石斑鱼在广西、浙江等地也多有养殖。山东也从日本引进七带石斑鱼（*E. septemfaciatus*）、云纹石斑鱼进行养殖和人工育苗研究。2010 年，莱州明波水产有限公司与福建省水产研究所合作，利用福建网箱养殖亲鱼和部分从日本引进的亲鱼，使用新鲜精子和冷冻精子经人工授精，获得受精卵 9.6 千克，培育出全长 10 厘米左右（最小 7 厘米，最大 12.5 厘米）的云纹石斑鱼苗种 21 万尾，受精率达 68.5%～83.2%，苗种培育成活率 2.4%。培育出的云纹石斑幼鱼发育良好、活力强、生长速度快。至此，云纹石斑鱼育苗技术取得了重大突破，为云纹石斑鱼的规模化养殖奠定了良好的基础。

4. 产业化前景

云纹石斑鱼人工育苗和养殖技术研究已初获成功，经济效益显著。商品鱼在国内外市场广受欢迎，具有良好的产业化前景。

(二) 大弹涂鱼

1. 生物学特性和生态习性

大弹涂鱼又称跳跳鱼，属鲈形目、弹涂鱼科、大弹涂鱼属，为暖水性潮间带小型鱼类。一般体长10～20厘米，体重20～50克。喜穴居软泥底质低潮区或半咸水的河口滩涂，借助腹鳍在泥涂上匍匐跳跃、觅食。我国沿海均产。

自然环境下多栖息于沿海的泥滩或咸淡水处，属广盐性鱼类。爬行在泥滩地，跳跃力强，稍受惊吓即迅速跳离，甚至躲入洞穴或水中。繁殖期具领域性，雄鱼会有复杂的求爱活动，并会筑巢护卵及守护幼鱼。杂食性，以底栖硅藻及小型底栖动物为主。

大弹涂鱼适宜水温为24～30℃，适宜盐度为13～26。冬季水温14℃以下时则躲藏于洞穴越冬；日光充裕的冬季也会出来活动摄食；当水温低于10℃以下时，则深居于底穴洞中休眠过冬。

2. 经济价值

大弹涂鱼营养丰富，味道鲜美，目前市场售价为100元/千克左右。大弹涂鱼是小型食用鱼类，肉质鲜美细嫩，爽滑可口，含有丰富的蛋白质和脂肪，营养价值及经济价值均很高，很受消费者的欢迎，因此日本人称其为“海上人参”。特别是冬令时节，大弹涂鱼肉肥腥轻，有“冬天跳鱼赛河鳗”的说法。

3. 开发技术水平

我国很多沿海省份20多年前就开始了大弹涂鱼的人工养殖，养殖方式以滩涂养殖为主，现已有相当成熟的技术。所养殖的大弹涂鱼基本作为食用鱼供应市场，进入观赏鱼市场的并不多。作为一个观赏鱼品种，大弹涂鱼仍有待于开发。

4. 产业化前景

在我国台湾及东南亚一些地区，大弹涂鱼的人工养殖早已盛行，福建主要在宁德市沿海养殖，其他地方目前仍较少。福建滩涂资源丰富，人工养殖大弹涂鱼大有可为，并具有广阔的市场前景。

（三）三斑海马

1. 生物学特性和生态习性

三斑海马属刺鱼目、海龙鱼科、海马鱼属。体长一般为 10～17 厘米。体侧扁，头部似马头，腹部明显突出。躯干呈七棱形，尾部呈四棱形，尾较长渐细并向腹面卷曲，用以卷住海藻等作栖息用。吻细长，呈管状，口甚小，位于近头侧背方。头与躯干部成直角。海马全身无鳞片，完全由骨环所包被。鱼体一般呈褐色，但随栖息环境的变化，体色可随之发生变化并与环境趋于一致。体侧第 1、第 4、第 7 体环的背方各有一黑色圆斑，故称三斑海马，这是分辨本种的主要特征。雄鱼尾部腹面具有一个特殊的袋状器官——育儿袋。受精卵在囊内发育，每尾雄鱼可产出 400～500 尾小海马。三斑海马分布于中国东海与南海，福建、广东与海南沿海均有出产；此外还分布于东非、新加坡及东印度群岛的沿海。

在自然海域中，三斑海马通常喜欢生活于珊瑚礁的缓流中，经常用尾部勾住珊瑚的枝节和海藻的叶片上，以便将身体固定。最适水温为 28℃左右，适宜盐度 10～30，适宜 pH 7.8～8.4。海马对光照强度有一定的要求，适宜的光照范围在 3000～6000 勒克斯。

自然海区三斑海马主要以小型甲壳动物为食，其食物种类主要有桡足类、蔓足类的藤壶幼体、虾类的幼体及成体、萤虾、糠虾和钩虾等。

海马的性成熟时间随种类、温度以及饵料状况而有不同。三斑海马的性成熟时间为 4～10 个月。在适温条件下，5 月出生的鱼苗，到当年 10 月（约 5 个月）即能发情繁殖。而 8 月出生的三斑海马，则往往要至翌年的 3～5 月才能发情繁殖。三斑海马繁殖率约为 20%～80%，在良好的饲育条件下，每只三斑海马的产苗量为数百尾至 1200 尾，海马第一次性成熟的产苗量较少，以后逐渐增多。

2. 经济价值

三斑海马是一种名贵中药，具有强身健体、补肾壮阳、舒筋活络、消炎止痛、镇静安神、止咳平喘等药用功能，特别是对于治疗神经系统的疾病更为有效，自古以来备受人们的青睐。海马经济价值极高，素有“北方人参，南方海马”之说。同时，三斑海马也是珍贵的观赏鱼类和良好的装饰品材料，国内外市场需求量很大。2009 年广东南澳湿三斑海马售价达 650 元/千克。

3. 开发技术水平

三斑海马的育苗工作在南方和北方均已获得成功。目前，主要在广东、福建和浙江沿海进行人工养殖。

我国各地的海马养殖场由于长期采用近缘繁殖，造成了养殖海马个体小、体质弱、病害多、适应环境能力差、培育成活率低等缺陷。因此，在三斑海马的人工育苗工作中，应经常从自然海区捕捞的野生亲海马中进行筛选驯化，或者从人工养殖海马中选择粗大强壮个体，进行远缘繁殖选优复壮，培育性状优良的健康苗种，以确保人工养殖海马的稳产和高产。

4. 产业化前景

三斑海马既可用于制作名贵中药，也可用做观赏鱼类和装饰品材料，经济价值极高。目前，国内外市场对海马需求量很大，人工养殖海马具有良好的产业化前景。

(四) 半滑舌鳎

1. 生物学特性和生态习性

半滑舌鳎属鲽形目、舌鳎科、舌鳎属。身体较长，侧扁，呈舌形的扁片状，左右两侧不对称。有眼侧为褐色、暗褐色、古铜色或青灰色，鳍呈黑褐色，边缘淡色，无眼侧为白色。头部小，吻略短，前端圆钝。眼小，两眼均位于头部（朝游泳方向）左侧，下眼前缘在上眼前缘的后方。眼间隔颇宽，等于或略大于眼径，平坦或微凹下。口小，下位，口裂弧形，左右不对称，无眼侧的弯度较大。有眼侧上下颌无齿，无眼侧两颌具绒毛状细齿，呈带状排列；头部两侧各有一对鼻孔；鳃孔窄，鳃盖膜左右相连；鳃耙退化，仅为细小尖突。肛门在无眼侧。半滑舌鳎属暖温性近海底层大型鳎类，主要分布于我国的黄渤海海区，在东海、南海、日本及朝鲜半岛沿海也有分布。

在自然条件下，半滑舌鳎以底栖生物为食，摄食的种类包括十足类、口足类、双壳类、鱼类、多毛类、棘皮动物类、腹足类、头足类及海葵类共 9 个生物类群的 50 多种动物，其中以十足类、口足类、双壳类和鱼类为主，其他生物类群占很小的比重。

半滑舌鳎活动范围小、种群数量不多。喜栖息于水深 5～15 米的河口附近浅海区。平时匍匐于泥沙中，只露出头部或两只眼睛，不太集群，行动缓慢，活动量较小。属暖温性鱼类，主要进行越冬洄游和索饵洄游。对水温环境有较强的适应能力，能在 4～32℃的水温中生存，生长适温 14～28℃。半滑舌鳎是一种广盐性鱼类，对盐度的缓慢变化有很大的忍耐性，能在盐度为 5～37 的海水中存活，生长适宜盐度为 16～32。最适 pH 为 7.8～8.6。

半滑舌鳎个体较大，寿命较长，渔获物群体中雌鱼的最高年龄为 14 龄，雄鱼为 8 龄。2 龄开始性成熟，3 龄全部成熟。雌、雄鱼个体生长差异相当大，无论是体长还是体重，同年龄的雌鱼都比雄鱼生长速度快。半滑舌鳎的卵巢相对较发达，怀卵量很高，体长在 560～700 毫米的个体，怀卵量在 76 万～250 万粒，大多数个体在 150 万粒左右。雄鱼的精巢相对不发达，导致了其自然繁殖受精率低，种群繁殖力弱的现象。产卵期前两个多月，一般需要对亲鱼进行强化培育，辅以延长光照时间，由 8～12 小时，以促进性腺发育。

2. 经济价值

半滑舌鳎因其肉质细嫩、味道鲜美、营养丰富而备受人们青睐，历来为我国沿海广大消费者待客的上等佳品。半滑舌鳎成鱼价格较高，海捕的死鱼价格也都在 100 元/千克以上。

3. 开发技术水平

近年来，由于自然资源严重衰退、捕获量很小、市场需求与资源量严重失衡，半滑舌鳎成为国内外市场的争购对象。目前，半滑舌鳎人工繁殖育苗已取得成功，稚幼鱼人工配合饵料也已研制成功，成鱼的配合饵料正在加紧开发研究之中。这些为半滑舌鳎规模化、产业化养殖奠定了基础。半滑舌鳎工厂化养殖已获得成功，并逐步推广。可以预见，半滑舌鳎这一新兴海水养殖品种将有望成为鲆鲽类养殖的后起之秀。

4. 产业化前景

半滑舌鳎适应性强，对海水透明度要求不高，更适合于室内大棚及工厂化养殖；并且半滑舌鳎生长速度快，营养等级低，易于接受配合饵料，产业化养殖开发潜力极大；适宜养殖地区广，山东半岛、辽东半岛及河北、天津沿海地区均适合养殖半滑舌鳎，南方沿海可在春秋冬季开展土池养殖或室内工厂化流水养殖。半滑舌鳎在工厂化养殖条件下，经过 2 年体长可达 50 厘米以上，体重能达到 1 千克以上，经济效益非常高。半滑舌鳎市场需求旺盛，人工养殖具有广阔的产业化前景。

（五）褐毛鲿

1. 生物学特性和生态习性

褐毛鲿俗称毛常、大鱼、石夹、网撞，属鲈形目、石首鱼科、毛鲿鱼属。褐毛鲿的体形与其它石首鱼科鱼类相似，吻短，前位口，口裂斜。成鱼体长 1 米左右，重 30～50 千克。

褐毛鲿分布于南海、台湾海峡、东海中北部和黄海南部。通常春末由南向北，冬季由北往南作南北向的短距离的洄游。褐毛鲿生长速度快，适温适盐范围广，为近海暖温性底层大型食用鱼类，性情凶猛，喜捕食鱼类。喜栖息于底质砂泥或岩礁且水深流急的海区，昼伏夜动。5～7 月产卵。其体型大，生长速度快，第一年养成可达到 1 千克以上，由于体型与体色与鮸鱼相似，故误称为“大鮸鱼”或“特大鮸鱼”。褐毛鲿的繁殖期相当短暂，而且能够繁殖的亲鱼都要重达 10～20 千克。

2. 经济价值

褐毛鲿肉质非常鲜美，营养丰富，口感十足，成鱼市场价格一般为 50 元/千克左右，被誉为“黄金鲿”。由褐毛鲿鳔加工的“网状鲛”是极为名贵补品，具有降血压、补元气、养颜、强身、治虚、滋补肝肾之卓越功效，鱼鳔价格高达每千克数千甚至上万元。此外，褐毛鲿属石首鱼科毛鲿型分支，有重要学术研究价值。

3. 开发技术水平

福建省水产研究所于1998年在我国率先开展褐毛鲿苗种培育与养殖技术研发，取得成功，并迅速推广。

4. 产业化前景

褐毛鲿具有食用及药用滋补价值，适宜海水网箱和大型池塘养殖，生长速度快，成鱼及鱼鳔的市场需求量大，人工养殖效益显著。随着褐毛鲿人工繁育及养殖技术的推广，其产业化前景相当广阔。

（六）刺参

1. 生物学特性和生态习性

刺参属棘皮动物海参纲、刺参科。体呈圆筒状，长20～40厘米。前端口周生有20个触手。背面有4～6行肉刺，腹面有3行管足。体色呈黄褐、黑褐、绿褐、纯白或灰白色等。

刺参为寒温带动物，从潮间带直至水深20米都多有分布，喜欢栖息于岩礁乱石底质，或有海藻丛生的泥沙或砂泥底，纯细沙底或纯泥底几乎未见刺参分布。其生存水温范围为－1.5～27℃。幼参生长的最适宜水温为15～23℃；成参在水温低于3℃时，基本不摄食、处于半休眠状态，水温10～16℃为适温生长期，水温17～19℃时摄食量下降，活动明显迟钝，水温超过20℃时进入夏眠阶段。刺参属于狭盐性生物，适宜盐度为28～33。刺参在海里的分布规律是个体越大，身体越重，生活的地方就越深。

刺参主要以浮游生物、底栖硅藻、有机碎屑为食，海水中的饵料生物基本能满足它们的生长需求，在浮游生物少的季节里，可投喂适量的饲料。刺参白天不活跃，经常固着不动，摄食量少；夜间较活跃，摄食量大。一年中，刺参正常活动、摄食的时间只有半年左右，因此生长速度较为缓慢。6月初孵化的刺参满一年体长达5.9厘米左右，体重约15.6克左右；满2年体长在13厘米左右，体重约122.4克；满3年体长17.6厘米左右，体重约307.1克；满4年体长20.8厘米左右，体重约472.5克。

2. 经济价值

刺参是中国20多种食用海参中质量最好的一种。自古以来海参就是一种高级药用和食用滋补品，富含蛋白质、维生素和微量元素，兼备营养与药用保健价值，目前刺参干品价格高达3000元/千克以上。

3. 开发技术水平

我国的刺参主要养殖方式有池塘养殖、底播养殖、网箱养殖等。池塘养殖为刺参养殖的主要生产方式，但易出现池底淤积、杂草丛生、水质恶化等问题，生产风险较大。由于有许多环境条件适宜的天然海域可供利用，刺参海域底播养殖生产潜力极大，而且便于实施多品种立体生态养殖，生产效益稳定，今后有可能成为效益最高的刺参养殖生产方式。作为刺参养殖最新生产方式，网箱养殖有利于开展刺参季节性养殖，将在稚参夏秋培育和秋冬培育方向突显优势，此外，网笼养殖将在与贝类复合生态养殖方面发挥优势，有利于刺参外海海面养殖的开展。目前福建刺参养殖主要以网箱吊笼养殖为主，浅海底播养殖尚未开展。

4. 产业化前景

我国是海参生产大国，也是海参进口大国和消费大国。2001年，我国香港地区海参进口金额高达5043万美元，我国台湾地区海参进口金额高达397.9万美元，内地海参进口金额高达122.9万美元，共占全世界海参总进口金额（5672.2万美元）的96%。刺参消费在我国根深蒂固，像燕窝、鱼翅、鲍鱼和鲟鱼类鱼籽酱一样属于高级滋补食品。作为名贵海鲜，刺参养殖发展前景无疑极为可观。

（七）中国仙女蛤

1. 生物学特性和生态习性

中国仙女蛤属瓣鳃纲、帘蛤目、帘蛤科。为广温广盐性的暖性种。蛤壳呈斜卵圆形，壳质坚实，两侧不等。由壳顶至前方的距离约占贝壳全长的1/3。

壳后端瘦弱，腹缘圆。小月面卵圆形紫色，楯面狭，韧带黄褐色。壳表为淡紫色，具有淡紫色放射条纹，同心生长纹细密，壳内面白色。两壳各具主齿 3 个，左壳有 1 个强的前侧齿，右壳有 2 枚前侧齿。外套痕与外套窦均明显。中国仙女蛤为埋栖型贝类，生活在浅海砂质海底，常见于我国南海，日本沿海也有分布。在福建主要分布于平潭。

2. 经济价值

中国仙女蛤不仅具有较高的营养价值，而且具有良好的药用价值。2008 年及 2009 年，在平潭当地的市场价格高达 60～70 元/千克。

3. 开发技术水平

2008 年和 2009 年厦门海洋职业技术学院先后在福建的漳浦和平潭开展了“中国仙女蛤人工育苗技术”的研究工作，两年分别培育出中国仙女蛤苗种 870 万粒和 1331 万粒，为福建乃至我国海水贝类养殖生产增添了一种优良经济种类。

4. 产业化前景

中国仙女蛤具有营养和药用双重价值，曾是有名的经济种类，后因采捕过度致使资源逐渐衰竭。随着仙女蛤人工育苗技术的突破，其产业化养殖前景十分广阔。

（八）西施舌

1. 生物学特性和生态习性

西施舌俗称海蚌，属瓣鳃纲、帘蛤目、蛤蜊科，是太平洋西部广为分布种。贝壳大而薄，略呈三角形，壳顶位于贝壳中部稍偏前方，腹缘圆。壳表具有黄褐色发亮的外皮，顶部淡紫色，生长纹细密而明显。壳内面淡紫色，壳顶部颜色较深，铰合部宽大。前闭壳肌痕近方形，后闭壳肌痕卵圆形。

西施舌生活于低潮线附近至浅海 10 米左右水深的细砂或砂泥底质中，营埋栖生活。适应水温 8～30℃，最适水温 17～27℃；适应盐度 17～35，最适盐度 20～30；适宜的 pH 范围为 7.4～8.6。西施舌在我国沿海均有分布，尤以福建长乐市沿海生产较多，是珍贵的海产品。繁殖季节一般在春夏之间，广东、福建在 4～7 月。西施舌的生长速度较快，在自然海区生长的个体满一年的壳长可达4～6厘米，体重为 20 克左右；满两年的壳长可达 8 ～9 厘米，体重为 110 克左右；满三年的壳长可达 10～11 厘米，体重为 140～150 克。

2. 经济价值

西施舌是一种高蛋白、低脂肪、低胆固醇的优质水产品，其肉含有人体所需的全部（8 种）必需氨基酸，其中必需氨基酸占氨基酸总量的 36.2%。

西施舌肉味鲜美、经济价值高，历来深受消费者欢迎。西施舌的定栖生活习性及垂直分布特点既有利于增养殖开发，但易受电网、潜捕及某些底拖网作业的掠夺性破坏。我国西施舌年产量已从 20 世纪 80～90 年代的近 10 000 吨减至 2002 年的 1000 吨左右。而且，近年来其产量可以说是在不断增加捕捞船只和捕捞强度的条件下获得的。实际上，目前某些西施舌主产区的资源量已不及 20 世纪 90 年代初的 1/100。在西施舌资源量明显衰退及市场需求量有增无减的共同作用下，西施舌的市场价格不断上涨，如广东、福建的西施舌价格已由 20 世纪 90 年代初的 20～30 元/千克上升至目前的 300 元/千克以上。从西施舌的资源保护、增养殖发展及市场需求等方面考虑，其增养殖开发前景十分看好。

3. 开发技术水平

目前对西施舌的研究大多集中在生物学及人工繁育技术方面，并取得了一定的突破，已经可以生产小批量的西施舌苗种，为西施舌人工增养殖产业的发展及食用、药用价值的开发利用提供保障。

4. 产业化前景

20 世纪 50 年代以来，我国已对西施舌生物学进行了较广泛研究，为开展增养殖研究奠定了良好基础。在人工育苗技术方面也进行各种研究，已初步确立了壳长 5～10 毫米的稚贝生产技术。

近几年来，我国福建和广东等地加强对西施舌增养殖技术的研究。“十五”期间，“西施舌大规模人工育苗技术研究及示范”被列入国家高新技术研究发展计划（863 计划）中。相信随着研究的不断深入，西施舌规模化人工育苗技术将会获得实质性突破，并有效推动其增养殖业的快速发展。

（九）真蛸

1. 生物学特性和生态习性

真蛸属头足类、八腕目、章鱼科，胴部短小，亚圆或卵圆形。头足部具有肉腕4对，一般腕的长度相当于胸部的2～5倍。腕上有大小不一的吸盘。无肉鳍，壳退化。体中型，一般全长50厘米。胴部椭圆形，背部有疣突起。各腕长度相近，侧腕稍长，腹腕稍短，腕上具吸盘4个。体褐色，胴背具十分明显的灰白色斑点。分布海域盐度多在35左右，最低盐度为27。

真蛸广泛分布于日本以南太平洋、印度洋、大西洋和地中海海域。在我国，真蛸主要分布于东南沿海，福建则以平潭、霞浦及厦门等地沿海较多。真蛸属于浅海底栖种类，栖息水深0 ～200米，栖息场所多为岩礁、珊瑚礁、藻场。真蛸显现负趋光性、喜隐居生活。真蛸喜食甲壳类，食无定时，相对而言，夜间或傍晚摄食更为活跃。渔期分春、秋两季，春季3～5月，秋季9～11月。

真蛸在我国沿岸产卵季节一般在春、夏之间。在地中海产卵期为4～5月，在日本濑户内海为10月。真蛸怀卵量相对较高，达10万～50万粒，最大怀卵量60.5万粒。属体内受精，一只雌体一般只与一只雄体交配，且雌体有护卵习性。卵子分批成熟，分批产生，卵粒较小。产出的卵多发现于空贝壳、海底洞穴、海藻丛中及其他阴暗场所。卵为端黄卵，营养丰足，且外包保护胶膜，故孵化率很高，孵化期一般约需一个月左右。真蛸不经过任何变态的幼体阶段，刚孵化的幼体与亲体特征相似。刚孵化出的幼体非常小，胴体长只有2毫米。最适生长水温16～21℃，日增重率可达13%。幼蛸常独来独往，互不干扰，居无定所，对低盐度适应力弱，在盐度30左右的海水中生活良好，但如果盐度低于25，幼体开始大量死亡。

2. 经济价值

真蛸是世界广布种，属于小卵型章鱼，生长速度快，营养价值高，含有丰富的蛋白质、矿物质等营养元素，并富含抗疲劳、抗衰老、能延长人类寿命等重要保健因子——天然牛磺酸及活性多肽等营养功能因子，是一种海洋药用生物。因此，真蛸是一种深具潜力、食药价值兼备的养殖对象。

3. 开发技术水平

2004 年开始，国家海洋局第三海洋研究所在国内率先开展了真蛸人工育苗技术研究开发，对真蛸亲体培育、人工促熟、控温诱导催产、人工孵化、幼体培育等技术进行了研究。经过几年的努力，研究人员突破了真蛸规模化人工育苗的难题，培育出真蛸幼体 6 万多只，为我国沿海群众增加了新的养殖对象。目前，福建沿海真蛸人工养殖已经初具规模，年产量达到 300 多吨，产值 1000 多万元，并正以较快的速度发展。

4. 产业化前景

真蛸是我国沿海重要的经济头足类，在我国海洋渔业中占有重要的地位。它具有高营养、生活史短、生长快和分布广等特点，是很有开发前景的海水养殖种类。但由于近来我国真蛸捕捞量不断下降，每年需进口大量野生真蛸进行加工，加工出口需求量达到万吨以上。由于野生资源量下降，真蛸养殖在福建、广东和浙江等沿海地区已经悄然兴起。随着真蛸生产性人工繁育与养殖技术的成功，我国将逐步形成育种、育苗、养殖、加工、出口完整的产业链，产业化前景十分广阔。

（十）栉江珧

1. 生物学特性和生态习性

栉江珧属瓣鳃纲贻贝目江珧科。贝壳大而薄脆，呈三角形或楔形，其贝壳组成独特，仅由棱柱层及珍珠层构成，且珍珠层只存在于前、后闭壳肌之间。壳顶尖细；背缘直或略弯；腹缘前半部较直，后半部逐渐突出；后缘直或略呈弓形。壳表有 10 条以上的放射肋，上有三角形斜向后方的小棘，此棘在最后一行变为强大的锯状齿。铰合部无齿，韧带细长，褐色，足丝细而发达。壳表面颜色，幼体多呈白色或浅黄色，成体多呈浅褐色或褐色。我国沿海均有分布。

栉江珧营半埋栖附着生活，当幼虫下沉附着后，一般终生不再移动。底质从软泥到粗砂皆能栖息生长，但以砂质底为佳。幼体一般生活于潮间带低潮区，并随个体长大逐渐移向浅海，最深水域可达 40～50 米。以壳尖直立插入泥沙中，以足丝附着在砂泥中的碎石或粗砂粒上，壳的后端露出地面生活。以一些单细胞藻类和有机碎屑为食，主要摄食硅藻，同时也滤食原生动物、轮虫、环节动物等。

栉江珧是一种广温、广盐性的贝类，对温度和盐度的适应能力较强。栉江珧在1～39℃的海水中能够存活，以水温15～30℃为最适。在盐度为11～32的海水中均能够正常生活，盐度22～31最为适宜。栉江珧对pH的适应范围为5.0～9.5，酸碱度过高或过低都会引起死亡，在pH7.8～8.6的海水中生活力最强、最活跃，摄食最旺盛。在溶解氧1.25毫克/升以上的海水中生活正常，以溶解氧为4～5毫克/升时生活力最强。

栉江珧的性成熟年龄为2～3年，生殖周期为1年。繁殖季节在5～11月，产卵适温为24～27℃。温度是影响其性腺发育的主要因素，一般5月上旬水温达24℃左右，栉江珧性腺饱满，进入成熟期。只要条件合适，就可排放精卵。在温度影响下，栉江珧的性腺分批成熟和排放。栉江珧为雌雄异体，但也存在雌雄同体及性转换现象。

2. 经济价值

栉江珧的后闭壳肌很发达，约占体长1/3以上，又大又圆，肉嫩味美，营养丰富。它的干制品就是江珧柱，含有丰富的动物蛋白质、磷酸钙及维生素外，牛黄酸含量也特别高。由栉江珧制成的贝汁还是一种高级调味品，许多国家都把它当做一种美味食品。栉江珧捕捞产量较少，市场供需缺口较大。

栉江珧鲜活贝柱系列产品市场需求量大，在日本、韩国市场上更是供不应求，国内的鲜品也有较大的需求量，养殖前景十分广阔。出口栉江珧柱价格由1991年的不到1美元/千克增长到2002年的15美元/千克。据初步统计，日本市场每年需求进口成品江珧柱2000～2500吨，我国每年供应量仅为1500吨左右。

3. 开发技术水平

目前，对栉江珧资源的开发还处在野生捕捞和小规模人工养殖的阶段。虽然研究人员对其基础生物学进行了一些研究，但还不系统、不完善。其群体遗传学和分子生物学研究还处于起步阶段，仍然有许多空白有待填补。目前，虽然栉江珧人工育苗已初获成功，但种苗大规模培育技术尚待完善，人工选育工作还未开展。

4. 产业化前景

栉江珧是经济价值较高的海产贝类，广泛分布于我国南北沿海。但由于长期的滥捕，资源受到严重破坏。栉江珧人工育苗、养殖技术的一旦取得重大突破，其产业化前景将十分诱人。

（十一）锦绣龙虾

1. 生物学特性和生态习性

锦绣龙虾属于大型爬行虾类，隶属于甲壳纲、十足目、爬行亚目、龙虾科、龙虾属。全身可分为头胸部和腹部两大部分。腹肢已退化，基本上失去了游泳功能；雌性个体的腹肢只是用于抱卵。成虾体长约 20～40 厘米，体重一般在 0.5 千克左右，最大的可达 3～4 千克。

锦绣龙虾主要分布在太平洋海域，从非洲东部至日本、澳洲和斐济群岛均有分布。可栖息于较低水温，水温较低时成熟期会延长至 5～7 年，耐高温性较差，适宜水温为 20～23℃，在水温下降的冬季，利用温排水饲养是促进其生长的方法之一。锦绣龙虾的适盐范围为 27～34，在低盐度 23.5 的海水中也能生活并变态。锦绣龙虾多生活于 7～40 米水深的浅海岩礁缝隙、石洞或珊瑚窟窿之中。白天藏匿洞中，仅显露两对触角和头部用以感触洞外动向，夜间外出觅食，常十几只至数百只在一起群聚、索饵。主要摄食小鱼、虾蟹类、小贝类、海胆、藤壶、多毛类，也食海藻等海洋植物。人工饲养时，喜吃蛤、蛏、鱼肉等。有群栖习性。虾群区域性明显，常因季节水温变化和索饵、生殖等因素发生迁移，通常夏季栖于浅水处，秋冬移向较深海区，繁殖时复又到浅海处。

2. 经济价值

龙虾广泛分布于我国东南沿海的广东、台湾及福建等地。中国龙虾在福建占龙虾总产量的 90％以上，其次为锦绣龙虾。我国东海南部和南海所产的锦绣龙虾重量可达数千克，是我国主要的经济种类之一。锦绣龙虾肉质具有高蛋白、低脂肪的特点，并含有人体所必需的多种矿物质，热值较低为 548 千焦/100 克，有滋补、壮阳、健胃、镇静之功效。其体内虾青素含量相对较高，已被广泛用在化妆品、食品添加剂以及药品中。

3. 开发技术水平

总体而言，我国龙虾的人工育苗技术尚未取得突破，目前龙虾养殖一般是将海捕的幼虾或小规格龙虾养成至商品规格。龙虾在美国、法国等国家是价值较高的养殖品种，在我国还没有形成大批量的生产。福建平潭县的渔民曾有养殖，并初见成效。

4. 产业化前景

海水龙虾个体大、味道美、营养极丰富，被视为虾中之王，具有观赏、食用及药用的多种价值，具有良好的产业化前景。由于市场需求强劲，龙虾价格一路上扬，现在市场上视不同品种，活龙虾价格高达 190 元～400 元/千克。所以我国龙虾市场的潜力是非常巨大的。目前，我国已成为活龙虾进口大国和消费大国。但是我国国产龙虾人工养殖尚未发展起来，天然龙虾又因多年过度捕捞导致产量极少，目前大都是从澳大利亚、印度、南非、美国和其他地区进口。

（十二）石花菜

1. 生物学特性和生态习性

石花菜又名海冻菜、红丝、凤尾，属红藻门、石花菜科。藻体呈紫红色，假根黑色，藻体扁平，呈羽状分枝，成互生或对生，分枝越到顶端越细小，直立丛生，一般高 10 ～20 厘米。

石花菜有两个外形相似但实质却不同配子体和孢子体，具有明显的世代交替现象，具有寄生于配子体上的果孢子体。在繁殖期，四分孢子体分枝顶端膨大形成长卵形的四分孢子囊，其内的四分孢子成熟后放散出来，随后可萌发为雌、雄配子体。雌、雄配子体在外形上相同，成熟后精子随着海水流到雌配子体生殖器官上受精。果孢子体放散出果孢子，萌发成孢子体。

石花菜适宜生长的水温为 8℃以上，最适水温为 20～28℃，养殖海区 1 年中 8～20℃的时间不应少于 70 天，尤以 15～ 20℃的天数越多越好，可保证石花菜的快速生长和高产。在适宜的水温中，石花菜对光线有极强的适应能力，能利用深水微弱的太阳光，可以生存于其他海藻不易生活的深水区。实际上，石花菜对强光的利用更为有效，光照时间越长，生长越好，所以养殖时不能选择海水混浊的海区，筏式养殖应以平面浅养为好。

石花菜属好浪性海藻，喜欢生活在开放的岬角、岛屿、岩礁的向浪方向。这种生态习性一方面是其生理特性的需要，另一方面也是其排除附着物的一种方法。因此养殖石花菜的海区应选择有经常性的波浪，尤以有涌浪的海区为最好，但也应避免过大的风浪，以免影响出海作业和筏架、苗绳的安全。

石花菜虽然能在贫瘠海区正常生长，完成其生活史，但人工养殖则仍需在短期内达到最大的增长量。因此，选择水质澄清、沉淀物少、营养盐含量丰富的海区种植为好。

2. 经济价值

石花菜具有较高的经济价值，含有丰富的矿物质和多种维生素，尤其是所含的褐藻酸盐类物质具有降压作用，所含的淀粉类硫酸脂为多糖类物质，具有降脂功能，对高血压、高血脂有一定的防治作用。中医认为石花菜能清肺化痰、清热燥湿，滋阴降火、凉血止血，并有解暑功效。石花菜还是提取琼胶（琼脂）的主要原料，而琼胶广泛应用在医药卫生和食品行业。

3. 开发技术水平

石花菜是一种重要的经济藻类，很早就引起人们的重视。国内外虽进行过大量的人工养殖试验，但均未获得良好的经济效益。近年来我国利用筏式养殖石花菜获得成功，为今后开展石花菜养殖开辟了新的途径。

石花菜在生产上可行的养殖方法，迄今只有以营养枝为苗种，夹在绳子上进行筏式养殖，称为分枝筏养。虽然孢子养殖在技术上已过生产关，但由于存在成本效益的问题，至今仍未获得推广。

依据海区条件和石花菜的生长特性，可分为春茬、夏茬和秋茬三季养殖，即在石花菜生长适温期内，按每期 60～70 天划为几期，每期为一茬。上茬采收时，苗绳上面留下一部分营养枝作下茬苗种继续进行人工养殖，直到水温下降到不适宜石花菜生长时为止。在适温期中连续养殖，其苗种可以来自野生石花菜，也可以来自采收后人工养殖的石花菜，或者人工育苗生产的苗种。

4. 产业化前景

当前福建开放式海域大多尚未开发养殖，而筏式养殖石花菜已获得成功。利用湾外开放式海域发展石花菜养殖，可为琼胶生产提供充足原料，具有广阔的产业化前景。

（十三）长茎葡萄蕨藻

1. 生物学特性和生态习性

长茎葡萄蕨藻属绿藻门、蕨藻科。原产于东南亚的菲律宾、马来西亚、印尼及日本的冲绳等地。主要生长在热带及亚热带的潮间带，大多数在潮间带下部、高潮带的区域。

该藻藻体呈鲜绿色，匍匐蔓生，藻体内无微管束分化，主要由直立茎、匍匐茎及假根三大部分构成。直立茎由浑圆饱满晶莹剔透的绿色球状小枝组成，因其如一串串葡萄而得名“海葡萄”。直立茎长度多在 4 厘米左右，最长为 11 厘米，球状部分直径为 1.0～2.5 毫米。在适宜的温度条件下，直立茎生长茂盛，其球状小枝呈密集型。该藻以藻体断裂方式进行营养性繁殖。

2. 经济价值

蕨藻营养丰富，不含胆固醇，热量极低，且含有多种不饱和脂肪酸、维生素和微量元素，有助降低血压、血液胆固醇及糖量，作为高价值的生鲜食品，常出现于高级日本料理上，价格高达人民币 1000 元/千克以上。蕨藻可作药用，还可行气止痛，主治用于气滞血瘀所致的各种疼痛。其对外界环境条件具有高度的敏感性，还可作为指示植物。蕨藻藻体青翠，形态奇特优雅，具有较高的观赏价值。

3. 开发技术水平

福建省水产研究所于 2010 年引进长茎葡萄蕨藻，在漳州、莆田等地开展人工养殖与繁育技术研究，取得初步成功。

4. 产业化前景

长茎葡萄蕨藻已经在福建开展试验性养殖。试验表明蕨藻人工养殖周期短，且养殖技术要求不高，成本较低，是很有发展潜力的新兴养殖品种。

二、 福建潜在优良养殖品种筛选结果

依据“综合考虑多因素”筛选原则，结合福建海域自然条件，全面考查新品种的生物学特性、生态习性、经济价值、开发技术水平、产业化前景等因素，依据筛选原则，筛选出13个适合福建沿海养殖的优良海水养殖品种（表7-1）。

表7-1 潜在优良养殖品种综合

品种	生物学特性	生态习性	经济价值	开发技术水平	产业化前景
云纹石斑鱼	++	+++	++	+++	+++
大弹涂鱼	+++	++	++	+++	+++
三斑海马	++	++	+++	++	+++
半滑舌鳎	+++	+++	+++	++	+++
褐毛鲿	++	++	+++	++	+++
刺参	+++	++	+++	++	+++
中华仙女蛤	+++	+++	++	++	+++
西施舌	+++	++	+++	++	+++
真蛸	+++	++	++	++	+++
栉江珧	+++	+++	++	++	+++
锦绣龙虾	+++	++	+++	++	+++
石花菜	+++	+++	++	++	+++
长茎葡萄蕨藻	+++	++	+++	++	+++

注：“－”表示该品种生物学特性或生态习性不适宜福建沿海养殖或经济价值较低或开发技术水平较低或产业化前景不好；“＋”表示该品种生物学特性或生态习性基本适宜福建沿海养殖或经济价值一般或开发技术水平一般或产业化前景一般；“＋＋”表示该品种生物学特性或生态习性比较适宜福建沿海养殖或经济价值较高或开发技术水平较高或产业化前景较好；“＋＋＋”表示该品种生物学特性或生态习性很适宜福建沿海养殖或经济价值很高或开发技术水平很高或产业化前景很好。

第二节 生态养殖模式研究

一、 生态养殖模式选择

本书根据国内外生态养殖模式的类别、研究水平及适用性，提出不同生态养殖模式效果评价的指标体系；通过不同生态养殖模式效果比较，得出各种潜

在优良养殖品种对养殖环境需求；依据生态养殖模式效果评价的指标体系——产业政策相符性、区域规划相符性、总量控制相符性、污染物排放达标可行性、环境质量与影响评价、养殖产品质量安全水平、风险评价，对目前现行的各种养殖模式进行综合评价。

（一）海水池塘养殖模式

海水池塘养殖是福建沿海地区重要的养殖模式。该模式有多种多样现行的健康养殖模式，其中“多品种立体化环境友好型生态养殖模式”是一种较为理想的模式。该模式注意各养殖品种营养级和生态位的合理搭配，建立良好的食物联系和生态关系，做到养殖水体营养物质的循环利用，实现养殖过程污染物的低排放。建议通过提高养殖技术水平，推广健康生态养殖技术，科学防治病害，规范使用渔药，确保池塘养殖产品质量安全。池塘布局应远离海岸线 200 米以外，减少池塘污水渗漏对海区造成的不良影响。养殖污水需经处理达标排放，环保部门要监管到位，降低环境污染风险。适合养殖的品种有云纹石斑鱼、半滑舌鳎、褐毛鲿、刺参、真蛸、锦绣龙虾、长茎葡萄蕨藻等。

（二）工厂化海水养殖模式

工厂化海水养殖是福建陆基海水养殖的重要养殖模式。多以“单一品种集约化养殖模式”为主，对养殖水产经济动植物所需条件进行全程精确调控，减少药物的使用，养殖废水经处理后达标排放，减少对环境的有害影响，实现高产增收的目的。该模式前期投入比较大，对养殖技术的要求较高，养殖产量高，经济效益大。适合养殖品种有云纹石斑鱼、三斑海马、半滑舌鳎、刺参、长茎葡萄蕨藻等。

（三）滩涂及浅海海水养殖模式

潮间带滩涂主要用于鱼类和贝类养殖，养殖模式有筏式、底播和拦网等，养殖品种主要有大弹涂鱼、青蟹、牡蛎、菲律宾蛤仔、缢蛏等。浅海主要用于鱼类、贝类和大型藻类的养殖，养殖模式主要有筏式、普通网箱、底播等，养殖品种主要有石斑鱼、鲈鱼、大黄鱼、眼斑拟石首鱼、真鲷、黄鳍鲷、牡蛎、菲律宾蛤仔、波纹巴非蛤、鲍鱼、刺参、海带、紫菜、江蓠等。网箱养殖以鱼类和鲍鱼、刺参为主，筏式养殖以滤食性贝类和大型藻类为主、底播养殖以滤食性贝类以菲律宾蛤仔、波纹巴非蛤为主。

水产动物的网箱养殖会产生较多的氮和磷，筏式养殖的大型藻类的生长则需要大量的氮和磷，部分底播养殖的贝类也可以以大型藻类的碎屑为食。在浅海海域合理配置鱼、贝、藻各养殖品种及网箱、筏式、底播养殖模式，充分利用养殖动植物之间的营养关系和食物关系，建立“多营养层次多品种多养殖模式相结合”的综合养殖模式，依据各个海区不同的特点，分别以鱼类、贝类及大型藻类为主，合理搭配其他养殖品种，各种养殖模式也要合理搭配，如网箱之间搭配筏式养殖的大型藻类，或者筏式养殖的贝类之间合理搭配大型藻类，或者是在筏式养殖的大型藻类海域底部合理搭配贝类的底播养殖，都不失为很好的养殖模式及品种的合理配置，可以充分发挥大型藻类对养殖海域的净化作用，优化浅海及滩涂养殖环境，提高海水养殖的产量，实现海水养殖的可持续发展。适合福建滩涂及浅海养殖的新型养殖品种有云纹石斑鱼、大弹涂鱼、三斑海马、褐毛鲿、刺参、中国仙女蛤、西施舌、真蛸、栉江珧、锦绣龙虾、石花菜、长茎葡萄蕨藻等。

（四）大型抗风浪深水网箱养殖模式

大型抗风浪深水网箱海水养殖，前期投资较大，成本较高，适合养殖经济价值较高的水产经济动物。该模式养殖水环境好，海水交换率高，养殖产品接近野生。同时，由于养殖所处的水环境较好，可减轻病害发生及养殖过程中的用药量，降低环境污染风险，从而实现清洁生产，是值得大力推广的离岸养殖模式之一。

深水网箱适宜水深一般在 10 米以上的海域，福建 13 个主要港湾除泉州湾、深沪湾、旧镇湾、诏安湾和闽江口等不具备投放深水网箱的基本条件外，三沙湾、沙埕港、罗源湾、福清湾及海坛海峡、兴化湾、湄州湾、厦门湾和东山湾均符合投放深水网箱的基本要求。目前，福建全省深水网箱投放数量不多，还有投放的空间和可能性。因此有必要展开全面的调查和研究，选划出适合投放深水网箱的潜在养殖区域，加大深水网箱的投放力度，加强养殖技术配套服务，优选适合深水网箱养殖的养殖品种，推进深水网箱离岸养殖业在福建的发展进程。在福建适合深水网箱养殖的新型潜在养殖品种有云纹石斑鱼和褐毛鲿等。

（五）养殖模式综合评价

就目前海水养殖模式来看，福建鱼、虾、贝、藻各大类的海水养殖模式与国家政策和区域规划均有一定的相符性，但与总量控制的相符性较差。原因是养殖初期政府对养殖规模和总量的控制监管不到位，导致许多海域特别是湾内养殖规模过大，影响港口航运及其他涉海项目实施，即使后来投入大量的人力物力进行退养或拆除部分养殖设施，在操作过程中仍是困难重重，阻力很大。

各种养殖模式的产品质量和安全水平还有待于进一步提高。目前在养殖过程中，还存在着养殖经济动植物病害的频繁发生和抗病药物（含抗生素）的违规使用等问题，必须逐步建立病害防控体系，规范渔药使用，强化养殖产品质量的监管，提高海水养殖产品质量安全水平。

目前，海水养殖中普遍存在污染物随意排放和缺乏监管等问题，应进一步加强养殖污染物的排放管理，采取必要的行政手段和经济措施，着力提高养殖废水的处理能力和处理范围，逐步推广环境友好型的养殖模式，确保养殖用海环境质量优良，保证海水养殖产品的质量安全。

应逐步建立环境质量、影响及风险评价制度。对各种养殖模式下，各养殖海域水质环境、影响及养殖带来的风险进行数据的监测和收集，跟踪评估由于养殖生产可能带来的对海域生态环境的影响，对于海水养殖业可能带来的环境损害及风险进行充分的评估，对不良海水养殖模式可能带来的环境破坏有一个充分的预估，并做好前期的治理工作，防患于未然，对处理不当有可能发生的环境灾害，要有多套的应急处理预案，提高突发事件的应对能力。

二、 潜在优良海水养殖品种适合的增养殖海域选划

本书通过对生态养殖模式的分析，结合福建海区水质、水文等条件，确定筛选的潜在优良养殖品种适合的增养殖海域。

云纹石斑鱼适温范围为15～34℃，最适水温为22～28℃。适盐范围广，可在盐度10以上的海域生存。大弹涂鱼以滩涂养殖为主，分布在沿海泥滩或泥沙滩。适宜水温24～30℃，适宜盐度13～26，10℃以下即开始过冬。三斑海马最适水温为28℃左右，盐度10～30，溶解氧3.0毫克/升以上，光照范围在3000～6000勒克斯，水的透明度以1.5米左右为宜，海水pH为7.8～8.4，适合的养殖模式有池塘养殖和网箱养殖。半滑舌鳎属温暖性近海底层鱼类，活动于5～15米的河口附近浅海区，越冬水深28米左右，水温3.2～5℃，5～7℃时向近岸索饵洄游。半滑舌鳎能在4～32℃的水温中生存，适合进行池塘养殖、室内大棚养殖或工厂化养殖。综合福建海域自然环境状况来看，上述海水养殖品种适合于福建沿岸有淡水注入的近海海域（如闽江口、晋江口及九龙江口等）养殖或海岸陆基工厂化养殖。

褐毛鲿生长速度快，适温适盐范围广，喜栖于底质砂泥或岩礁的8～10米流急海区，适合于深水网箱养殖。刺参从潮间带直至水深20米都有分布，喜欢栖息于岩礁乱石底质或有海藻丛生的泥沙底或砂泥底，生存水温范围是－1.5～27℃，适宜盐度为28～33，饵料主要是泥砂中的底栖单细胞藻类、有机碎屑、海藻碎片、细菌和腐殖质等，以池塘养殖为主，也可进行港圈养殖、网箱养殖、与贝类复合养殖和多品种立体生态养殖。西施舌生活于低潮线附近至浅海10米左右水深的细砂或砂泥底质中，适应水温8～30℃，最适水温17～27℃，适应盐度17～25，最适盐度20～28，适宜的养殖模式有围网养殖、池塘养殖和浅海养殖。真蛸最适生长水温16～21℃，最适盐度25～30，适宜的养殖模式是池塘养殖和网箱养殖。栉江珧营半埋栖生活，以单细胞和有机碎屑为食，适宜水温为15～30℃，盐度为22～31，最适pH为7.8～8.6，最适溶解氧为4～5毫克/升。中国仙女蛤属广温广盐性暖水种。锦绣龙虾适宜成长的温度为20～23℃，

适盐范围为27～34。结合福建海域自然环境状况发现，上述海水养殖品种及云纹石斑鱼、三斑海马均适合福建海岸陆基池塘、海湾及湾外养殖，养殖模式则以滩涂、池塘、围网、网箱及深水网箱养殖为主。

石花菜喜生于低潮带的石沼中或低潮带下5～30米深的岩石上，一般生于水流较急、透明度较高的外海区，适宜水温20～28℃，适合水面浅养，在水质清新有涌浪、沉淀物少、营养盐丰富的海区养殖更好，一般采用分枝筏养。长茎葡萄蕨藻分布在热带海洋中大潮线下的岩石上，中低潮线下的沙地上。据这两种藻类的生态学特性来看，长茎葡萄蕨藻比较适合福建近海海域、海水池塘或工厂化水泥池养殖，石花菜则适合福建开放性的海湾及外海养殖。

第八章

总体评价与建议

第一节 专题评价结果

一、 福建海水养殖现状评价结果

2008年，福建海水养殖面积为120 704公顷，海水养殖产量为2 836 841吨。其中13个主要港湾海水养殖面积约103 054公顷，产量约2 259 630吨，分别占全省海水养殖总面积和总产量的79.65%和85.38%。福建海水养殖模式主要为筏式养殖、底播养殖、池塘养殖、普通网箱养殖、吊笼养殖、深水网箱养殖、工厂化养殖等。养殖品种包括鱼类、甲壳类、贝类、藻类和其他类约100余种，并不断开发和引进新品种。福建海水养殖技术发展迅速，并推广服务于生产，但海水养殖业主要位于湾内海域，受到技术、成本、装备等方面影响和制约，向湾外发展的进程缓慢。

2008年，福建省拥有海水苗种场1489座，育苗水体达33 135 795米^3，其中国家级原种场4座，良种场12座；众多的苗种场生产鱼虾贝藻等各类水产苗种，可以基本满足福建海水养殖对苗种的需求，部分苗种还远销省外和境外。海水育苗总产量巨大，其中鱼苗213 523万尾、虾苗24 522 872万尾、贝苗81 363 950万粒、藻苗1 906 193万贝。

福建海水养殖病害情况依然十分严重，主要包括病毒性病害、细菌性病害、寄生虫病、真菌性病害等，其中以细菌性疾病和寄生虫病最为多发。2008年，水产养殖病害引起的损失数量为5584公顷，损失的产量达20 310吨，直接经济损失达22 187万元。

进入21世纪以来，福建海水养殖业呈稳定持续发展的势头，技术进步对于海水养殖业发展的作用更加明显，海水养殖业的发展逐步由面积的增长带动转变为养殖技术、养殖模式、新品种、养殖装备等方面。然而，当前海水养殖业也面临环境变化、种质退化、病害频发、养殖海域缩减、政策影响等问题，因此，必须加快转变发展方式，加快海水养殖业现代化步伐。

二、 海水养殖容量评价结果

本书采用沿岸海域生态系统能流分析模式估算了罗源湾、深沪湾和诏安湾共 3 个典型港湾的滤食性贝类养殖容量，其容量分别为 372 497 吨、44 321 吨、98 469 吨。单位面积容量分别为 22.91 吨/公顷、15.85 吨/公顷和 6.18 吨/公顷。本书采用无机氮和无机磷供需平衡法分别估算了罗源湾、深沪湾和诏安湾的海带、紫菜养殖容量，估算的数值取低值作为该港湾的养殖容量。估算结果为：单养海带时，养殖容量分别为 483 049 吨、75 518 吨、402 280 吨，单位面积容量分别为 29.71 吨/公顷、27.01 吨/公顷和 25.25 吨/公顷；单养紫菜时，养殖容量分别为 71 789 吨、17 903 吨、59 784 吨，单位面积容量分别为 4.42 吨/公顷、6.40 吨/公顷和 3.75 吨/公顷。

经过容量评价，可得出以下结论：

罗源湾、深沪湾和诏安湾的初级生产力水平呈现上升趋势，滤食性贝类养殖容量随之提高；而由于各港湾营养盐供应量互有增减，罗源湾和诏安湾大型藻类养殖容量有所增加，深沪湾有所减少。

通过改进养殖模式和设施、引进新品种等方式，罗源湾、深沪湾和诏安湾滤食性贝类和大型藻类养殖仍将具有相当可观的发展潜力，应继续发展海水养殖，以充分利用海域资源，保障海水养殖业的可持续发展。

在符合海洋功能区划的前提条件下，海水养殖业应采取相应的优化措施，对养殖区域、规模、品种进行合理调整和配置，以充分利用港湾海域资源，推广规范化、标准化、生态化的健康养殖模式，实现高产、优质、高效的目的，加快海水养殖发展方式的转变，促进海水养殖业可持续健康发展。

三、 新型潜在养殖区选划结果

本书根据福建省 908 专项研究成果及其他相关调查资料，掌握了海洋功能区划确定的增养殖区海域的养殖现状、生态水文条件、相邻的其他功能区、社会经济发展趋势对海域的影响等相关资料，通过对备选潜在养殖区的生态水文条件等因素进行评价和分析，同时根据贝类、鱼类和藻类等养殖生物的生态习性，按照确定的选划原则，对其潜在养殖区进行了选划。

选划新型潜在海水养殖区 26 处，总面积 36 843 公顷。其中，筏式养殖区 21 799 公顷、底播养殖区 4035 公顷、网箱养殖区 11 009 公顷。海域水质符合渔业水质标准，选划区大多位于湾外海域，虽然，普遍存在浪大流急的特点，但随着近年海水养殖新技术的发展，一批新模式、新材料、新品种相继开发和推广，如抗风浪网箱、消波堤、耐流新品种等，选划新型潜在海水养殖区的利用将成为可能。

四、 新型潜在人工增殖区选划结果

本书根据福建省 908 专项研究成果及其他相关调查资料，在分析研究拟选新型潜在人工增殖区的生态环境条件、增殖对象的生态习性、增殖潜力、拟采取增殖措施的必要性和可行性的基础上，合理选划出较具增殖潜力或亟待修复增殖的人工增殖区域，科学评价了人工增殖区的生态环境现状，分析了研究危害增殖对象的环境因素和人为因素；并根据已选划人工增殖区的生态环境条件、增殖对象的生态习性、预期增殖目标，提出了具体的增殖方式、增殖措施、增殖规模、实施季节、所需资金、增殖区项目运作方式和管理办法。

本书选划新型潜在海水增殖区 7 处，总面积 28 150 公顷。其中，海洋经济生物增殖区 3004 公顷，包括兴化湾缢蛏增殖区 2648 公顷，旧镇湾菲律宾蛤仔繁育区 356 公顷；海洋生物繁殖保护区 23 870 公顷，包括厦门文昌鱼繁殖保护区 4870 公顷，官井洋大黄鱼繁殖保护区 19 000 公顷；渔业资源增殖区 1276 公顷，包括牛山岛西部礁区 295 公顷，南日岛礁区 608 公顷，菜屿列岛礁区 373 公顷。选划区大多受到过度捕捞或海洋环境污染的影响，资源呈现衰退的趋势，因此必须根据实际情况，采取相应的增殖保护措施。

五、 潜在优良品种开发及生态养殖模式研究结果

本书利用福建省 908 专项研究成果及其他相关调查资料，从生物学特性、经济价值、生态习性、开发技术水平、产业化前景等方面，对适合福建海区养殖条件的鱼类、甲壳类、贝类、大型藻类及其他种类进行了综合评价，筛选出具有食用、药用或观赏价值的云纹石斑鱼、大弹涂鱼、三斑海马、半滑舌鳎、褐毛鲿、刺参、中国仙女蛤、栉江珧、西施舌、真蛸、锦绣龙虾、石花菜和长茎葡萄蕨藻共 13 种，作为福建潜在优良海水养殖品种。

本书根据国内外生态养殖模式的类别、研究水平及适用性，提出不同生态养殖模式效果评价的指标体系；通过不同生态养殖模式效果比较，选划池塘养殖、工厂化养殖、深水网箱养殖、滩涂及浅海海水综合养殖共 4 种模式；并结合福建海区水质、水文等条件，确定其适合的增养殖海域。

六、 专题总体评价

本书依据福建省 908 专项资料和成果及其他相关资料数据，从海水养殖的产量、面积、模式、技术、病害、品种、区域布局等方面，全面分析了福建主要港湾海水养殖的发展情况；开展主要港湾海水养殖容量评价，重点估算了罗源湾、深沪湾和诏安湾滤食性贝类和大型藻类的养殖容量，评估海水养殖的发展潜力，提出调整建议；选划新型潜在海水增养殖区，做好资源储备；开展潜在优良养殖品种开发与生态养殖模式研究，筛选出 13 种可供海水养殖的后备品种，并选择适宜的生态养殖模式；通过评价与选划，为海水增养殖业可持续发展提供后备资源保障，提出新的思路和发展方向。

第二节 福建海水增养殖业面临的问题

一、 海水养殖规范化程度低，养殖布局不合理

虽然近几年我国相关管理部门制定并颁布了许多海水养殖标准和技术规范，但由于福建海水养殖业多为个体经营，缺乏大型企业参与，因此标准和规范总体执行力度低，标准化和规范化程度仍处于较低水平。养殖布局不合理，不能充分、有效、合理利用海域资源，局部海域特别是港湾内部，养殖密集，超过养殖容量，导致自身污染严重，病害频发；而同时湾内其他海域由于养殖密集程度较小，仍有较大发展潜力。

二、 海水养殖技术及其配套装备水平滞后于现实需要

随着海洋经济的快速发展，现代海水养殖业对养殖技术及其配套装备的要求越来越高，但目前在优良品种选育、可持续健康养殖模式、深海养殖技术及装备、优质配合饲料、病害防治及疫苗研发等方面技术仍未有重大突破，现有的技术水平无法满足现实需要，海水养殖业向现代养殖模式的转变进展缓慢。

三、 良种覆盖率低，新品种开发不足

福建省由于沿海水产苗种场数量众多，小而散，监管困难。长期以来福建省水产苗种场由于低水平重复建设，无序发展，出现生产无序竞争、苗种质量参差不齐、种质退化等问题。水产苗种整体生产技术水平不高，政策扶持力度不足，水产良种总体覆盖率低。潜在优良养殖品种虽具有良好的发展前景，但

新品种的开发和推广受到技术、成本等条件制约，在实际生产中仍存在很大的困难。

四、 海水养殖病害与渔业灾害损失严重

改革开放以来，福建海水养殖业发展迅速，大量的浅海、滩涂被开发成为海水养殖区。但是，部分养殖区出现了无序无度发展、养殖区过于密集、养殖密度过大等情况，导致养殖生物生长缓慢、病害严重、自身污染加剧等一系列问题。此外，福建省的海水养殖病害和海洋环境污染事故经常引起养殖生物成批死亡、成活率降低、养殖产品质量下降，并造成重大经济损失。此外，福建省的海水养殖业仍以传统养殖方式为主，养殖设施抗灾防灾能力薄弱，不能有效抵御台风、风暴潮等自然灾害的袭击。

五、 水产资源增殖区缺乏有效保护

福建省许多港湾滩涂、浅海的围填，导致传统水产品种（如缢蛏、花蛤、泥蚶）、珍稀濒危物种（如文昌鱼）的繁衍场所大大减少；工业废水和生活污水排放，造成水产资源增殖区海域环境质量下降，水产资源受到一定程度破坏；围填海工程除了直接占用海域外，还改变了周边海域的水文条件，加上过度捕捞及环境污染影响，水产资源繁育场所的生态环境持续恶化，许多水产苗种资源处于严重衰退状态。已经成立的几处水产资源增殖（繁育）保护区缺乏有力管护，偷采滥捕的现象依然存在。近几年大规模人工培育苗种的增殖放流，可能导致野生种群的种质资源退化。人工鱼礁建设规模小，投放地点有限，难以起到对渔业资源有效保护和增殖的作用。

六、 海水增养殖环境污染日趋严重

沿岸海域受到陆地径流和陆源污染物影响较大。随着沿岸城镇建设、港口

航运、临港工业发展、围填海工程的实施，入海污染物持续增加，海洋环境质量呈现下降趋势，渔业污染事故时有发生，导致养殖产品质量下降，甚至出现死亡现象。同样，近海环境污染对水产资源繁育场所和水产资源也构成严重威胁。

七、 海水增养殖业与其他行业用海的矛盾日益突出

随着沿海经济的转型和快速发展，海水养殖业在社会经济中的地位明显改变。为了实现地方经济的跨越式发展，海水养殖让位于航运、港口、临海工业、滨海旅游、城镇建设等其他涉海行业，这在许多地方已经成为必然选择，湾内和近岸海水养殖区逐步缩减甚至退出。目前其他涉海行业用海需求日益高涨，许多开发热点海域的海水养殖区已经开始逐步拆除，更多的养殖区也将面临越来越大的拆迁和环境压力；湾内及河口海域是重要的水产资源繁育场所，目前也受到其他行业围填海需求的影响，因此，可能导致重要渔业资源增殖区的破坏和重要水产资源的衰退。总之，随着海峡西岸经济区发展战略的实施，其他涉海行业发展迅速，海水增养殖区域将逐步缩减，海域生态环境的压力还会继续加大，海水增养殖业的生存和发展面临沉重压力。

八、 向湾外转移进展缓慢

大多数湾外海域风浪大、海流急，管理不便，传统海水养殖装备和品种难以适应。而且，福建经常受到台风影响，湾外养殖对养殖装备的抗风浪能力要求更高。以当前技术水平，并不具备大规模发展湾外海水养殖的基本条件，因此，目前海水养殖向湾外转移进展缓慢。

第三节 福建海水增养殖业发展方向

一、发展优质高效、环境友好的现代海水养殖

坚持以效益为中心，以市场需求为导向，合理利用自然资源，与其他涉海行业协调发展，发展优质高效、环境友好、设施先进的现代海水增养殖业，积极推进海水增养殖业的战略性调整，加快发展方式的转变。保护重点海水养殖区、渔业资源繁育区海域的生态环境，防止海水养殖区受到污染破坏，保障海域资源的资源可持续利用，实现海水养殖业由数量型向质量效益型转变。大力发展名优特养殖品种，提高海水养殖效益。因地制宜推广多营养层次综合养殖、循环水养殖等低碳模式，扩大海水养殖业发展空间。发展重点为包括陆域工厂化、高位池和浅海传统网箱、抗风浪深水网箱等模式的集约化养殖，并对传统的池塘、浮筏、网箱进行规范化和标准化改造，建立生态化的健康养殖模式。

二、发展现代化海水养殖企业

全力培育龙头企业，改变分散经营模式。以海水养殖、育苗生产合作社和大型企业等形式，引进和学习先进经营管理模式，发展现代化海水养殖企业，充分发挥资源、市场和技术优势，进一步提高辐射带动能力。引进风险投资，鼓励符合条件的企业上市融资，建设高标准的海水养殖生产基地，发展现代设施渔业，提高海水养殖业的现代化水平，增强盈利和抗风险能力。依托现代化养殖区、滨海沙滩、海岛，发展休闲渔业，培育渔业经济的新增长点。

三、发展现代海水养殖苗种产业

加强水产原良种体系建设，以科技为先导，应用生物技术，发展现代海水养殖苗种产业。采用微卫星、分子标记、DNA芯片、细胞工程、杂交、性别控制等现代生物技术，选育具有生长迅速、品质好、外形美观、抗逆性强等性状的优良养殖品种，包括杂交种、多倍体种、单性种、克隆种、转基因种等。加大对现有海水原良种场的扶持力度，建设高标准的苗种繁育场，配备现代化生产设施和设备，提高优良海水养殖品种选育研究水平与生产能力。

四、建设高效的海水养殖病害防治体系

完善现有的省、市、县各级海水养殖病害监测与防治网络，重点抓好具有地方特色的病害综合防治示范区建设。加大各级病害监测与防治机构的投入，建设配套完备的检测检疫实验室，引进技术人员并选派有关人员到科研院校进行专业技术培训，增强针对病害的监测和处置能力，缩短反应时间，形成完善、高效的海水养殖病害防治体系。支持相关科研单位发展海水养殖病害快速诊断技术，开发疫苗和高效低残留药物。力图通过加强海水养殖病害防治，减少病害损失，确保养殖产品质量。

五、发展现代水产饲料产业

依照行业标准，构建水产营养与饲料公共研发平台，鼓励现有饲料企业进行优化整合，发展现代水产饲料产业。根据海水养殖、育苗生产的实际需要，研发优质配合饲料，逐步实施水产饲料GMP和HACCP认证，提高产品质量和配方的科学性、安全性，保障海水养殖业可持续发展。

现有海水水产配合饲料仍难以满足育苗和养殖的需要，无法替代轮虫、桡足类等育苗期间所需的鲜活饵料和成品养殖期间所需的冰鲜小杂鱼。必须针对

各养殖品种、各阶段的营养需求进行深入研究，完善饲料配方，改进生产工艺，保障饲料质量。通过配合饲料的逐步替代，提高配合饲料的使用率，扩大使用范围，提高养殖、育苗生产效率，减少养殖生产的自身污染。

六、 建设海洋牧场

海洋牧场是在某一海域内，采用一整套规模化的渔业设施和系统化的管理体制，利用自然的海洋生态环境，将人工放流的经济海洋生物聚集起来，进行有计划、有目的的海上放养鱼虾贝藻的大型人工渔场。借鉴国外先进技术和成功经验，在福建近海和港湾开展海洋牧场化试验和建设，通过增殖放流、投放人工鱼礁、开放式养殖等方式，采用先进的鱼群控制技术并进行系统化管理，提高主要经济品种的产量或整个海域的渔业产量；在利用海洋资源的同时重点保护海洋生态系统，以确保水产资源稳定和持续的增长，实现可持续生态渔业。

福建沿海各地每年均开展许多批次的人工增殖放流活动，但放流品种、数量、地点有限，不能根本改变渔业资源总体衰退趋势的现状。必须扩大增殖放流规模，增加品种、数量和区域，扩大人工鱼礁投放规模；根据渔业资源现状，建立和划定相应的增殖区、繁育保护区。加强管护，发展低碳渔业，保障渔业资源的增殖和渔业的可持续发展。

第四节　福建海水增养殖业可持续发展对策

一、 调整区域布局

(一) 海水养殖区布局调整

调整、优化海水增养殖业的结构和布局，合理配置海水养殖区域、范围、品种、模式、密度和规模，增强可持续发展能力。根据海洋功能区划，调整和缩减湾内养殖区域，有序引导湾内向湾外的转移。目前福建13个主要港湾海水养殖面积和产量均约占总量的80%，湾外海域养殖少，主要分布在近岸及有岛屿依托的海域。由于风浪大、水深流急，大量的湾外海域仍难以被海水养殖所利用。因此，必须借鉴国内外先进经验，引进和开发新技术、新装备，加大扶持力度，以经济补贴、政策引导和技术装备支持，鼓励海水养殖生产者向经改造后适宜养殖的湾外海域逐步转移，有效利用开阔海域，拓展海水养殖业的发展空间。

（二）海峡西岸经济区协作

有效利用建设海峡西岸经济区的大好形势，加强沿海各行政区域的协作，实现优势互补。经济发达地区其他行业用海多，海水增养殖业逐步缩减、甚至退出，但作为水产品消费的重要市场和集散地，应确保其他地区海水养殖产品的销路；经济发达地区资金和技术优势明显，适度发展集约化养殖；引导产业协作，延伸产业链，为海水养殖区提供加工、配送、营销、饲料、药品、冷库等配套设施和服务；鼓励产、学、研协作，福州和厦门拥有众多与海水增养殖业相关的高校和科研单位，可作为技术研发中心，研究先进的增养殖技术、优质苗种繁育技术、病害防治技术，开发新功能品种、海洋药物、新型装备，并提供养殖容量评估、布局规划、人员培训等服务。其他经济较不发达地区应继续发展海水增养殖业，维持水产品产量，稳定市场供应，通过海峡西岸经济区协作，实现海水养殖的经济效益和社会效益；制定相关政策，确保重要增养殖区用海需求，保障海水养殖业的可持续发展。

二、发展养殖科技

福建海水增养殖业正处于产业转型和提升的关键时期，必须努力推动水产疫苗、优质苗种生产、新品种繁育、生态养殖、现代装备、环保型饲料、养殖环境修复等高新技术的应用，依靠科技进步，转变增长方式，实现福建海水养殖业的战略转移和产业升级，促进福建海水养殖由数量渔业向质量渔业、传统渔业向现代渔业的根本转变。

（一）生产优质苗种

依托国家级和省级良种场，利用生物技术，对现有品种进行选育、提纯复壮，提高生长、抗病、品质等性状；实施养殖苗种的良种化工程，提高良种覆盖率。在风险评估的基础上，引进适合本地的养殖品种，并进行人工繁育，满足海水养殖业对优质苗种的需求。

（二）发展现代养殖装备

研发新型的养殖设备和设施，提高养殖生产效率，拓展养殖空间，发展现代海水养殖业。加快物联网等新型技术在海水养殖业的应用，实现海水养殖的远程监控和管理，提高智能化与自动化水平。利用新材料、新工艺开发适宜湾外海域的新型抗风浪养殖装备，拓展湾外海水养殖空间。通过发展现代养殖装备及技术，促进海水养殖业的现代化。

（三）优化品种结构

利用鱼类、甲壳类、贝类、藻类、其他类生态习性的差异和互补，多品种合理搭配，充分利用有限的养殖海域。对潜在养殖品种的生物学特性、经济价值、生态习性、开发技术水平、产业化前景等方面进行综合评估，开发潜在本地优良养殖品种及适宜湾外海域的耐流品种，合理引进新品种；开发新型功能品种，如观赏、药物、生物能源、实验动物等，丰富海水养殖业的内涵。

（四）研究健康、生态养殖模式

深入研究健康、无公害养殖模式和立体、多品种生态养殖模式，推广应用环保型配合饲料，保护及修复养殖环境；推广规范化、标准化养殖，提高海水养殖产品的质量和养殖生产的稳定性，降低养殖风险。有序扩大集约化养殖规模，提高养殖生产效率，稳定水产品市场供应。继续研究适合湾外海域的养殖模式，进一步拓展海水养殖空间，促进海水养殖的战略转移和健康发展。

（五）完善病害综合防治技术

加强海水养殖病害的研究，完善综合防治技术，开发新型无公害药品，应用疫苗、转基因、生物防治、生态环境调控等新技术，建立养殖病害综合防治体系，提高海水养殖的成活率、产量和质量。

三、 改善养殖环境

控制海水养殖自身污染，保护和改善海洋生态环境，实现海水养殖与环境的友好、和谐。同时，对陆源、船舶及其他污染源进行严格监管，保证养殖环境的适宜性，保障养殖产品食用的安全性。由于养殖装备、技术、成本及风险的制约，海水养殖业向湾外海域发展进度缓慢，近期海水养殖仍以湾内为主，因此应该加强对湾内海域环境的监测及污染控制。

（一）控制养殖自身污染

根据海水养殖容量，合理调整养殖区域和品种，控制养殖规模，推广健康、生态养殖，规范渔药使用，减少或避免养殖自身污染，逐步推广环境友好型的海水养殖。

（二）控制陆源污染

海洋与渔业管理部门协同环保部门，加强对海水养殖区周边污染及污染源监控，督促排污单位改进生产工艺，建设污水处理厂，确保废水达标排放，保护海水养殖环境。

（三）控制海上船舶污染

由于港口航运及临港工业的迅速发展，港湾内有大量的船舶进出，船舶大量生活垃圾和含油废水必须进行集中处理，避免船舶对养殖环境的污染。

四、加强水产资源保护

（一）开展港湾重要水产资源繁育区域调查

港湾浅海滩涂历来是海洋生物栖息、生长与繁衍的优良场所，也是发展海水增养殖业的重要载体。由于福建省水产资源增殖区调查资料相当匮乏且过于陈旧，建议在全省沿海范围内开展港湾重要水产资源繁育区域调查与选划工作。全面调查福建港湾重要水产生物种类组成、分布区域、繁育区域范围、资源开发利用状况、生态环境现状等。在调查的基础上，将重要经济种类、地方特色品种，以及珍稀濒危种类的天然苗种场、产卵场和幼鱼幼体索饵场所作为生态保护区域加以选划，不仅可完善福建海域新型潜在人工增殖区的选划工作，还可为水产资源的繁殖保护与合理利用、海洋生物多样性的保护，以及海洋功能区划的修编提供科学依据，避免重要海洋生物繁育区域误遭围填破坏。

（二）限制在水产资源繁育场所的围填海

港湾、河口海域鱼、虾、贝、藻资源丰富，是水产资源的重要繁育场所，为海水养殖业提供大量苗种，为捕捞产业提供补充资源，是海洋生态系统的重要组成部分。水产资源繁育场所与渔业的延续及发展是息息相关的，因此，必须对分布于港湾、河口的重要天然苗种场、产卵场和幼鱼幼体索饵场所加以重点保护，围填造地用海区域应尽可能避开这些区域，以防止重要海洋生物繁育区域误遭围填破坏，保障水产苗种资源的可持续利用和海洋渔业生产的可持续发展。

（三）保护水产资源繁育场所的生态环境

良好的生态环境是水产资源繁育场所存在和延续的重要前提条件，因此，必须采取限制围填海和采砂、禁止倾废、控制陆源污染物排放等综合措施，保护和改善水产资源繁育场所的生态环境。建议加强陆域污染源排放企业的综合治理力度，切实履行对重污染企业的监管职能，坚决打击违法排污企业，加大重点港湾、河口海域的综合整治力度；制定海洋生态保护与治理规划，落实项目治理资金，加快环保基础设施建设进度，保护近岸海域环境。

（四）加强水产资源增殖（繁育）保护区的管护

目前已有的水产资源增殖（繁育）保护区，应健全管理机构，组建管护队伍，配备必要的设备和人员，开展宣教、监测和日常巡视，对违规捕捞的渔船和人员进行驱赶和处罚。

对于重要水产资源繁育场所，应当合理规定禁渔区、禁渔期，根据实际情况，禁止全部作业，或限制作业的种类和某些作业的渔具数量，以保护重要水产资源及其天然苗种场、产卵场和幼鱼幼体索饵场。

（五）科学开展增殖放流

科学开展水产资源的增殖放流，可有效养护渔业资源，改善水域生态环境，促进渔业资源及濒危物种资源的修复，维护生物多样性，确保渔业生产的可持续发展。通过收集资料和必要的调查、评估，根据海域环境条件和自然资源状况，确定适宜水产资源增殖放流的海域及放流品种、规格、数量、时间等。重点针对已经衰退的重要水产资源品种，加大增殖力度，不断扩大增殖放流品种、数量和范围。用于增殖放流的苗种应当是本地种的原种或者子一代，禁止使用外来种、杂交种、转基因种以及种质明显退化的品种进行增殖放流，避免出现外来物种入侵、种质退化、基因污染等生态问题。

（六）扩大人工鱼礁建设规模

人工鱼礁的建设，明显改善了礁区及周边海域海洋生物的生存环境，海洋渔业资源和生物多样性得到良好的养护。通过必要的调查和评估，根据海域环境条件和自然资源状况，确定适宜人工鱼礁投放的海域及鱼礁类型、结构、规模等。重点针对渔业资源增殖区及周边海域，扩大人工鱼礁建设规模，结合增殖放流，保护和增殖水产资源。

五、 强化交流与合作

（一）加强与其他行业合作

与科研单位、高校合作，海水养殖区可提供实验动物、实习基地，满足科研工作和人员培养的需要。海水养殖区作为增养殖新技术研究与试验场所，承接科研成果的及时转化和推广。同时科研单位、高校也可及时提供养殖新技术、新装备、新模式、新品种及环境监测、产品质量检测、病害防治和预警等服务。

与旅游行业合作，利用观赏鱼展示、生产体验、垂钓、海鲜餐饮、特色水产礼品、科普教育，依托成片海水养殖区、生态养殖区、滨海和海岛风光，发展休闲渔业。

与食品加工业合作，对养殖产品进行多样化、精细化加工，满足多层次需要，延伸产业链，增加产品附加值。

与医药业合作，开发海洋保健品、活性物质、海洋药物等新产品，满足人类对健康生活的追求。

与物流业合作，在海水养殖区建立冷库和配送中心，为养殖业提供原料（饲料、药品、养殖设备与材料等）供应与产品保鲜、初加工和销售服务。

与金融保险业合作，为海水养殖业提供贷款、保险等，满足养殖生产的资金需求，规避自然灾害、污染、病害等风险。

（二）加强跨地区交流与合作

加强国际、国内及海峡两岸交流与合作，及时追踪海水养殖业的前沿科技，有效引进先进海水增养殖技术和优良品种、装备，提高技术含量，发展现代海水养殖业。

国际交流：通过学术交流和技术培训，学习海水养殖新技术新理论。

国内协作：利用南北气候差异，根据养殖生物的生物生态学特性进行南北接力养殖。

两岸合作：两岸海水养殖业优势互补，引导台湾地区的人才、技术、资金、良种进入福建，共同发展海水养殖业。

六、 完善海水养殖业管理

（一）政策引导

制定相关政策，引导成立行业协会，加强行业自律和协作，规范发展，充分发挥行业协会在养殖生产中的作用，大力推进海水养殖向优质、高效、生态、集约化发展。相关部门设立专项资金，用于支持海水养殖基础研究和创新技术研发，加大对公益性和产业共性技术的科研力量和资金投入，密切科研与生产实际的联系，及时解决生产过程中的问题，提高科技对整个产业发展的贡献率。推进海水养殖业各项行业标准和规范的制定，促进整个海水养殖区规范化和标准化改造进程，提高养殖生产效率。

根据专项规划和养殖容量评估成果，调整养殖区域，缩减现有密集养殖区的规模和密度，稳步发展湾外养殖；改善养殖环境，提高养殖产品质量和效益；开发引进海水养殖新技术，推广新型养殖设施、优良品种及养殖技术，支持鼓励建设集约化养殖基地，加大经济补贴和政策扶持力度，引进先进技术和装备开发湾外养殖海域，保障水产品市场供应，维护社会经济稳定发展。制定优惠鼓励政策，培育和发展一批海水养殖龙头企业，实行标准化养殖，通过示范和辐射，提高整个海水养殖业技术含量，促进产业升级，充分利用有限的养殖空间，改变分散经营、无序发展的现状，引导海水养殖向标准化、规范化、生态化的现代养殖业发展。制订渔业管理人才和技术人才培养计划，鼓励水产技术及管理人员参加技术培训和到高校、科研院所深造，提高技术水平和管理能力，为海水养殖区提供环境监测、灾害预警、水产品质量检测、病害防治、渔药使用、配合饲料使用、养殖技术指导、法律法规政策及市场信息咨询等方面的服务，促进海水养殖生产平稳运行。

（二）完善风险预警

完善环境监测、质量监控、病害防治、灾害预警网络。各级政府要通过设备、资金和技术扶持，增强基层渔业环境监测部门的技术能力，配合省、市两级海洋与渔业环境监测中心站，在养殖区海域布设监测站位，增加监测站位数量和监测频次，常年开展养殖产品质量、环境和赤潮监测，对重要生态环境指标进行预警。

海洋与渔业管理部门要加强人员、设备和技术投入，建设重大水产疫病防控体系和抗灾体系，强化养殖病害与自然灾害的预警机制，制定防灾减灾方案及灾后渔业恢复生产方案，避免灾害造成严重损失，并在灾后及时救助，恢复生产。健全渔业病害监测、预报预警、防治体系和赤潮监控网络，建立渔业应急处置机制，提高处理突发性海水养殖病害、渔业污染事故和自然灾害的能力。

（三）保障养殖产品质量

开展无公害、标准化养殖示范点的建设，推广科学养殖和生态养殖、病害防治和渔药使用技术，减少海水养殖病害的发生，提高养殖产品质量。加强养殖海域的环境监测，对环境因子超标和污染事故，应及时进行通报或预警，保证海水养殖环境的适宜性和水产品质量的安全性。建立海水养殖产品质量监控与管理制度，保证上市养殖产品的来源可追溯。

（四）协调与其他行业关系

制定海水养殖管理办法，强化对海水养殖业的管理，规范养殖行为。临近航道、锚地、军事用海区及其它行业用海区的海水养殖区，必须做好与航道区、锚地区、军事用海区及其它行业用海区的协调，不得占用航道、锚地、军事用海区。同时，根据航道、锚地、军事用海区建设需要，确保通航、军事需要和养殖安全，当地政府要在航道、锚地、军事用海区域与养殖区域之间设置界标，海水养殖应在界标确定的养殖区范围内布局、生产，并加强管理，不得超越界标。保护海洋生态，改善海域环境和景观，促进海水增养殖业与其它涉海行业的协调发展。

由于海洋经济的发展，其它涉海行业十分强烈的用海需求对湾内海水养殖形成巨大的拆迁和环境压力。然而，由于大多数湾外海域风浪大、流急，现有的养殖装备、品种、技术难以适应外海恶劣条件，以当前的技术水平，并不具备大规模发展湾外海水养殖的能力。因此必须及时协调海洋开发与海水增养殖业的关系，正确处理两者之间矛盾，保障海水增养殖业的权益。

参考文献

鲍献文，乔璐璐，于华明，等．2008. 福建省海湾围填海规划水动力影响评价．北京：科学出版社．

陈尚，李涛，刘键，等．2008. 福建省海湾围填海规划生态影响评价．北京：科学出版社．

方建光，孙慧玲，匡世焕，等．1996. 桑沟湾海带养殖容量的研究．海洋水产研究，17（2）：7-17.

方少华，吕小梅，等．2002. 厦门国家自然保护区厦门文昌鱼资源及其保护．海洋科学．26（10）：9-12.

福建海峡建筑设计规划研究院．2009. 宁德市蕉城区斗帽岛人工鱼礁科学试验工程初步设计．厦门：福建省水产研究所．

福建海洋研究所．2005. 福建省海洋功能区划．厦门：福建省水产研究所．

福建省海洋与渔业局厅．2000-2008. 福建省渔业统计年鉴．厦门：福建省水产研究所．

福建省海洋与渔业局厅．2007-2008. 福建省主要海湾水环境质量通报．厦门：福建省水产研究所．

福建省海洋与渔业厅．2008. 水生生物增殖放流专题研讨会交流材料-福建省渔业增殖放流工作汇报．厦门：福建省水产研究所．

福建省水产技术推广总站．2005-2008. 福建水产技术推广信息．厦门：福建省水产研究所．

福建省水产技术推广总站．2007-2009. 福建省水产养殖病情测报分析．厦门：福建省水产研究所．

福建省水产研究所．2004. 福建主要港湾水产养殖容量研究报告．厦门：福建省水产研究所．

福建省水产研究所．2005. 福建省人工鱼礁建设总体发展规划．厦门：福建省水产研究所．

福建省水产研究所．2008. 福建省三都湾水产养殖容量监测与养殖规划研究报告．厦门：福建省水产研究所．

福建省水产研究所．2008. 古雷半岛周边海域环境评价报告．厦门：福建省水产研究所．

福建省水产研究所．2009. 2008 年沿海大通道工程佛坛湾段海域环境评价报告．厦门：福建省水产研究所．

福建省水产研究所．2010. 福建近海经济海洋生物苗种资源调查研究报告．厦门：福建省水产研究所．

福建省水产研究所．2010. 福建省海域使用现状调查报告．厦门：福建省水产研究所．

黎祖福，陈刚，宋盛宪，等．2006. 南方海水鱼类繁殖与养殖技术．北京：海洋出版社．

林学钦．2006. 厦门文昌鱼资源管理与经济发展．厦门科技．(1)：13-16.

马平．2005. 福建海水养殖．福州：福建科学技术出版社．

王清印．2006. 海水健康养殖与水产品质量安全．北京：海洋出版社．

王清印．2007. 海水养殖业的可持续发展——挑战与对策．北京：海洋出版社．

余兴光，马志远，林志兰，等．2008 年福建省海湾围填海规划环境化学与环境容量影响评价. 北京：科学出版社．

张澄茂．2008. 福建省官井洋大黄鱼资源现状及放流效果评估．水生生物增殖放流专题研讨会论文集．

彩 图

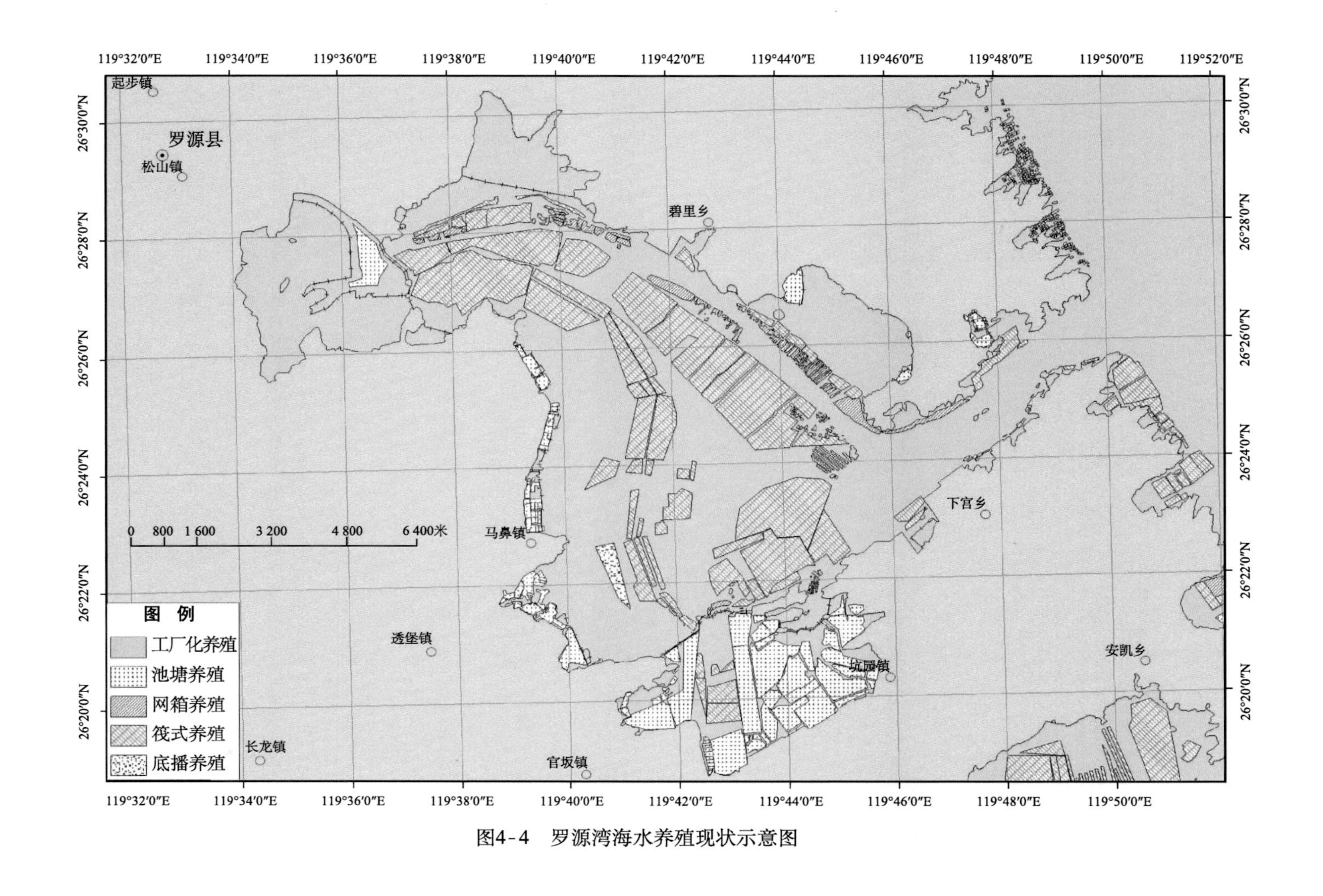

图4-4 罗源湾海水养殖现状示意图

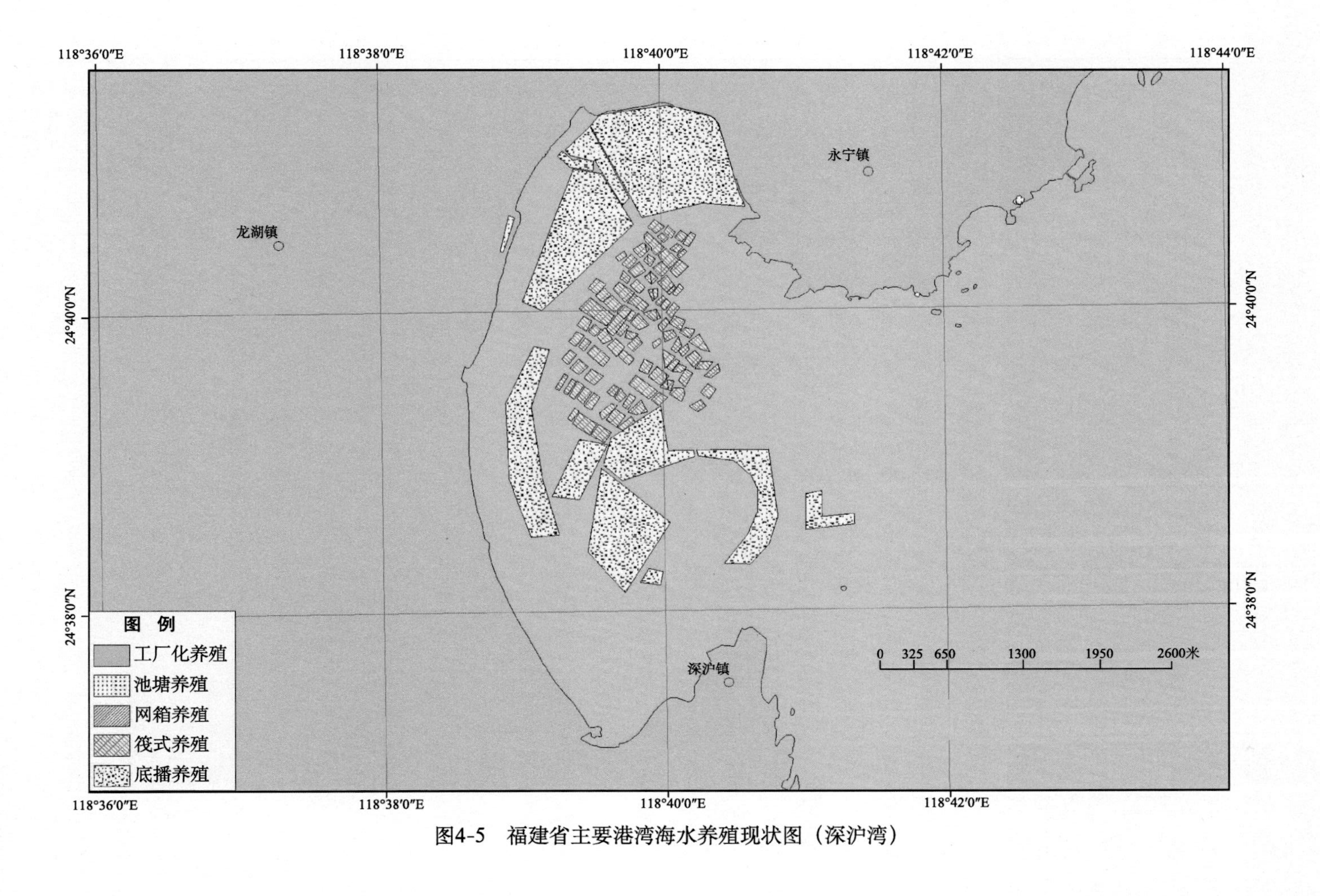

图4-5 福建省主要港湾海水养殖现状图（深沪湾）

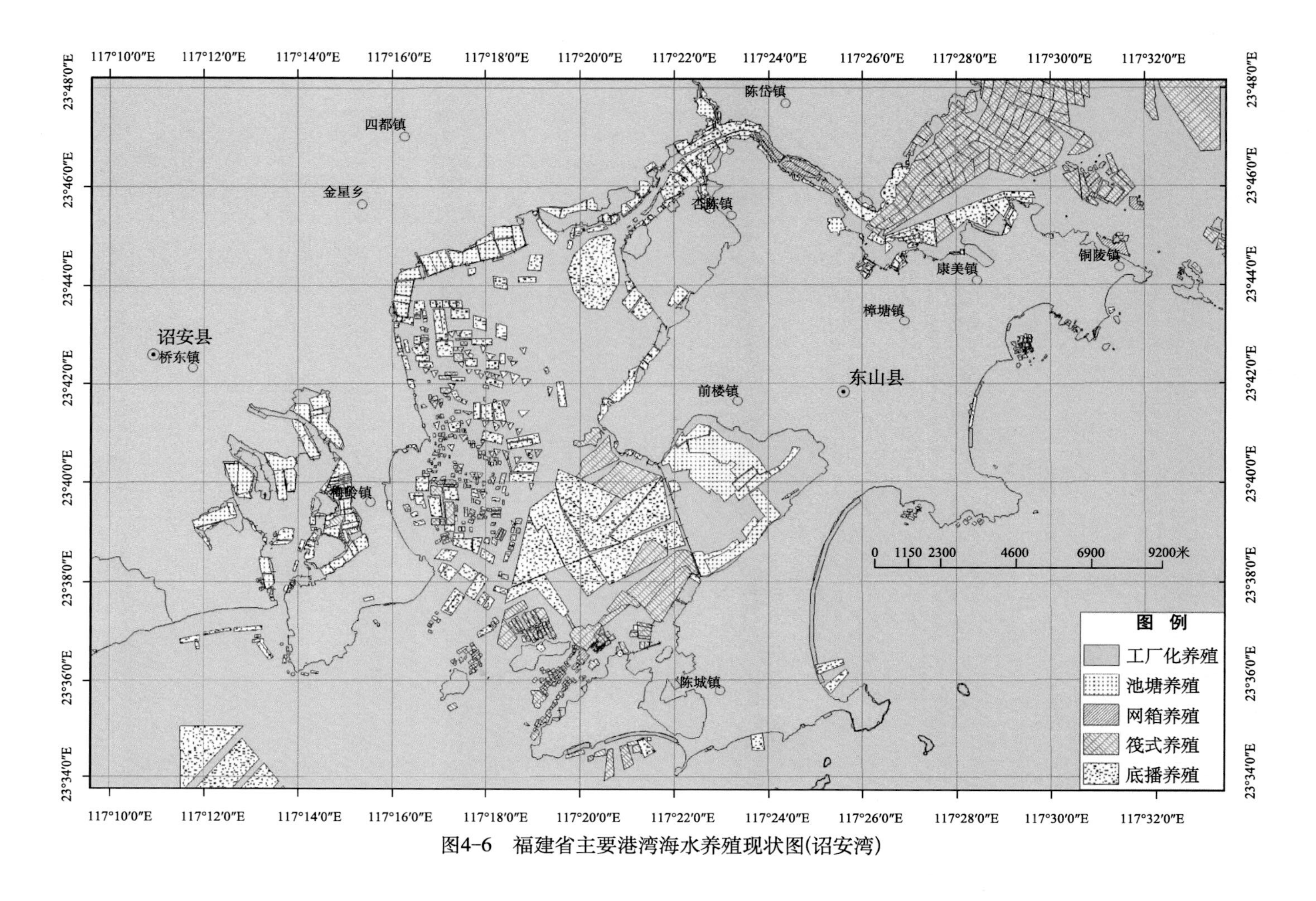

图4-6 福建省主要港湾海水养殖现状图(诏安湾)

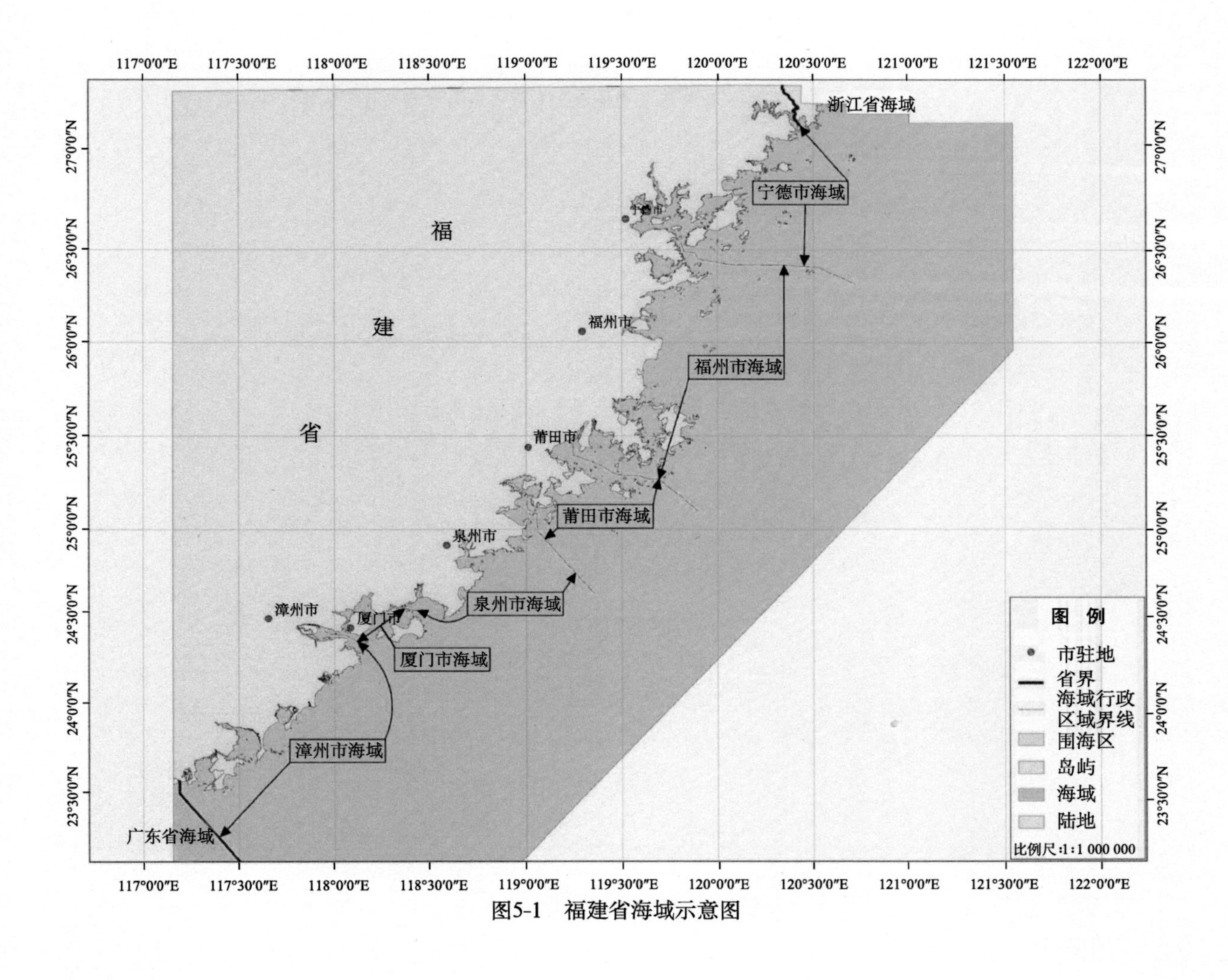

图5-1　福建省海域示意图